ホンダにみる
デザイン・マネジメントの進化
Evolution of Design Management in Honda

岩倉信弥 著
Iwakura, Shinya

税務経理協会

はしがき

　本書は，1960年初頭から1990年代後半にかけて，日本の経済成長の中核をなしてきた自動車産業がいかにして国際競争力をつけてきたかを，デザインが果たしてきた役割に焦点を当て，その効用をデザイン・マネジメントという視点で解明することに主眼を置いている。今日，成功している企業の多くは，例外なくデザイン力（パワー）を重視していることに着目した。

　著者は，1964年，自動車産業に参入したばかりの本田技研工業株式会社に入社し，以来30数年，自動車のデザインおよび商品開発に携わるなかで，本田宗一郎をはじめ歴代社長および経営陣の薫陶を受け，「ものつくり」のなんたるかを学んだ。そしてデザインの持つ威力を目の当たりにし，それが企業経営にとって，いかに重要かを体感したひとりである。

　著者自身，紆余曲折はあったものの，企業の発展に幾ばくかの貢献ができたと思うし，クルマという商品を通じて世界の多くの人たちに喜びや楽しさを提供できたと自負している。また企業人としての役目を全うした後も，縁あって，立命館大学や母校の多摩美術大学で若い世代と，デザインについて共に学び，共に育つ機会を得た幸運を喜んでいる。

　現在，経済の急成長下で進んだ「モノ溢れ」や，その結果生じた「モノ離れ」により，日本人の多くが，ものつくりに対する自信をなくしてしまったかのように感じられる。産業全体に占める製造業の比率は低下していく傾向にあるが，「ものつくり」そのものが不要になるとは決して思わない。むしろ，「よいモノ」が期待されているのだ。企業のみならず人々の日常の暮らしにおいても，デザインの重要さが，より高まっていくに違いないと信じている。

　著者としては，これからの日本のものつくりを担っていく若い人たち，さらには，発展を目指す企業でマネジメントに関わる人々に，著者が優れた先人よりすり込まれたものつくりの知識やその使い方を，デザインという観点で，少しでもお伝えできればと願う。また本書が，その道しるべあるいは意識付けの

一助となれば幸いである。

　この度，本書の執筆にあたり，そのきっかけをつくっていただき，支援いただいた立命館大学経営学部・長沢伸也教授，執筆に協力いただいた同学・岩谷昌樹非常勤講師，また出版に際し，ご指導ならびに出版社との橋渡しの労をいただいた同学・経営学部今田　治教授，そして出版にあたっては，快くお引き受けいただくとともに，多くのアドバイスをいただいた税務経理協会の峯村英治氏に，この場を借りて心よりお礼を申し上げたい。なお，本書で使用している写真に関しては，本田技研工業株式会社広報部より提供していただいた。併せて感謝申し上げる。

　2002年11月

岩倉　信弥

目　次

はしがき

序 …………………………………………………………………… 3

第1章　デザインとは

はじめに ……………………………………………………………… 7
Ⅰ　デザインを考える ……………………………………………… 7
　1．「企業の顔」としてのデザイン ……………………………… 7
　2．価値を付加するデザイナー …………………………………… 9
Ⅱ　「形は心なり」 ………………………………………………… 14
　1．世のため人のため …………………………………………… 14
　2．普遍性・先進性・奉仕性 …………………………………… 16
　3．「感じる」デザイン ………………………………………… 19
Ⅲ　再度デザインを考える ………………………………………… 21
　1．「デザインすること」とは ………………………………… 21
　2．科学とデザイン ……………………………………………… 22
　3．「モノ」から「こと」へ …………………………………… 23
　4．想なくして創なし …………………………………………… 25
おわりに …………………………………………………………… 27

第2章　商品（クルマ）つくりとデザイン

はじめに …………………………………………………………… 31
Ⅰ　デザインが担うもの ………………………………………… 32

1．製品を方向付けること……………………………………32
　　2．「共通の場」を演出すること……………………………35
　Ⅱ　マーケット・イン，プロダクト・アウト……………………37
　　1．そのコンセプト……………………………………………37
　　2．クルマつくりの場合………………………………………38
　　3．バランスを取り，ユーザーの心を捉える………………41
　Ⅲ　クルマつくりの未来……………………………………………44
　　1．グローバルとローカル……………………………………44
　　2．デザインの文化つくり……………………………………46
おわりに………………………………………………………………49

第3章　デザイン・マネジメントの第一段階：デザイナーの育成

はじめに………………………………………………………………51
　Ⅰ　「手」を動かし，「手」から学ぶ……………………………54
　　1．「らしさ」と「格好良さ」…………………………………54
　　2．「手」による経験の蓄積…………………………………55
　　3．特徴を出す－ボンネットバルジ…………………………58
　Ⅱ　経験を積み，知識を得るデザイナー…………………………60
　　1．革新軽乗用車デザイン……………………………………60
　　　⑴　開発コンセプト…………………………………………60
　　　⑵　「苦しみ」と「楽しさ」………………………………62
　　　⑶　現代感覚デザイン………………………………………64
　　2．100マイル／hカーのデザイン……………………………65
　　　⑴　個性を出す─「鷹の顔」………………………………65
　　　⑵　性能主義の成果と教訓…………………………………67
　　3．プラットホーム共用デザイン─元祖RV車………………69

　　　　　　　　　　　　　　　　　　　目　次

　おわりに‥‥‥‥‥‥‥‥‥‥‥‥‥‥‥‥‥‥‥‥‥‥‥‥‥73

第4章　デザイン・マネジメントの第二段階：デザイナーの活用

　はじめに‥‥‥‥‥‥‥‥‥‥‥‥‥‥‥‥‥‥‥‥‥‥‥‥‥79
　Ⅰ　新機種の開発とデザイン‥‥‥‥‥‥‥‥‥‥‥‥‥‥‥‥81
　　1．コンセプトつくり‥‥‥‥‥‥‥‥‥‥‥‥‥‥‥‥‥‥81
　　2．新しい領域の創造‥‥‥‥‥‥‥‥‥‥‥‥‥‥‥‥‥‥83
　　3．「ひとくち言葉」の威力‥‥‥‥‥‥‥‥‥‥‥‥‥‥‥84
　　4．誇れるクルマ‥‥‥‥‥‥‥‥‥‥‥‥‥‥‥‥‥‥‥‥85
　　5．「らしさ」のデザイン‥‥‥‥‥‥‥‥‥‥‥‥‥‥‥‥87
　　6．「おんもら」デザイン‥‥‥‥‥‥‥‥‥‥‥‥‥‥‥‥88
　Ⅱ　ワールドカーの開発とデザイン‥‥‥‥‥‥‥‥‥‥‥‥‥89
　　1．展開期での戦術つくり‥‥‥‥‥‥‥‥‥‥‥‥‥‥‥‥89
　　2．芸術家とデザイナー‥‥‥‥‥‥‥‥‥‥‥‥‥‥‥‥‥92
　　3．「気配」のデザイン‥‥‥‥‥‥‥‥‥‥‥‥‥‥‥‥‥93
　　4．「色気」のデザイン‥‥‥‥‥‥‥‥‥‥‥‥‥‥‥‥‥95
　おわりに‥‥‥‥‥‥‥‥‥‥‥‥‥‥‥‥‥‥‥‥‥‥‥‥‥96

第5章　デザイン・マネジメントの第三段階：ブランド形成戦略

　はじめに‥‥‥‥‥‥‥‥‥‥‥‥‥‥‥‥‥‥‥‥‥‥‥‥103
　Ⅰ　デザインによる企業イメージの構築‥‥‥‥‥‥‥‥‥‥106
　　1．スペシャリティ・カーのデザイン‥‥‥‥‥‥‥‥‥‥106
　　2．バリュー・クリエーション‥‥‥‥‥‥‥‥‥‥‥‥‥108
　　3．軽乗用車"復活"‥‥‥‥‥‥‥‥‥‥‥‥‥‥‥‥‥‥112

Ⅱ　デザインによるブランドの創出と定着・・・・・・・・・・・・・・・・・・・・・114
　　1．ヤングプレステージ・カーのデザイン・・・・・・・・・・・・・・・・・114
　　2．サスペンションがデザインを変えた・・・・・・・・・・・・・・・・・・・116
　　3．エグゼクティブ・カーのデザイン・・・・・・・・・・・・・・・・・・・・・119
　Ⅲ　デザイン・パワーの強化・・・・・・・・・・・・・・・・・・・・・・・・・・・・・・・122
　　1．達人からのデザイン・アドバイス・・・・・・・・・・・・・・・・・・・・・122
　　2．極限キュービック・デザイン・・・・・・・・・・・・・・・・・・・・・・・・124
　おわりに・・・126

第6章　デザイン・マネジメントの第四段階：デザイン・マインドによる経営

　はじめに・・・133
　Ⅰ　「こと」の時代に向けたデザイン・・・・・・・・・・・・・・・・・・・・・・135
　　1．明るく，楽しく，前向きに・・・・・・・・・・・・・・・・・・・・・・・・・・135
　　2．「一つ心」のもとに・・・・・・・・・・・・・・・・・・・・・・・・・・・・・・・・137
　Ⅱ　新時代ミニバン（ＲＶ）のデザイン・・・・・・・・・・・・・・・・・・・141
　　1．前進戦略に向けたナレッジ創造・・・・・・・・・・・・・・・・・・・・・141
　　2．「多人数乗りセダン」という領域の発見・・・・・・・・・・・・・144
　Ⅲ　デザイン・コンシャスネス・・・・・・・・・・・・・・・・・・・・・・・・・・・147
　　1．「普遍性」への挑戦・・・・・・・・・・・・・・・・・・・・・・・・・・・・・・・・147
　　2．世界と地域，全体と部分の調和・・・・・・・・・・・・・・・・・・・・・151
　おわりに・・・154

結章　デザイン・マインドとデザイン・マネジメントの本質

　はじめに・・・163

目　次

Ⅰ　「どん底」の中でのクルマつくり……………………………164
　　1．3つのピークをつくったクルマ……………………………164
　　2．デザイン・マインドへの目覚めと研磨……………………166
　　3．デザイン・マインドの昂揚…………………………………168
Ⅱ　素晴らしいデザイナーとは……………………………………170
　　1．「真のお客さん」へのデザイン………………………………170
　　2．「おにぎり」デザイン…………………………………………172
おわりに………………………………………………………………175

付章1　経営戦略とデザイン・マネジメント

はじめに………………………………………………………………181
Ⅰ　ホンダの卓越した経営戦略……………………………………182
　　1．事業戦略の分野：コア・コンピタンス経営………………182
　　2．顧客サービス戦略の分野：高いロイヤルティの獲得……185
Ⅱ　グローバル企業としてのホンダ………………………………187
　　1．組織能力の分野：ケイパビリティ・ベースの企業成長…187
　　2．マーケティングの分野：製品の差異化による競争戦略…188
Ⅲ　デザイン・マネジメント戦略のコンセプト…………………191
　　1．デザインによる競争力の形成………………………………191
　　2．貴重な経営資源：デザイナーの活用………………………193
おわりに………………………………………………………………195

付章2　「戦略的経営資源」としてのデザインとそのマネジメント

はじめに………………………………………………………………201

| Ⅰ　知識創造のためのデザイン…………………………………202
| 　1．デザイナーによるデザイン・コネクション………………202
| 　2．「見えない構造」による「見えざる資産」つくり………203
| Ⅱ　パワフルな戦略ツールとしてのデザイン…………………205
| 　1．デザインの6つの側面…………………………………205
| 　2．ユーザーへのデザイン・コントリビューション……………207
| Ⅲ　マネジメントされるデザイン………………………………210
| 　1．デザイン・プロセスを管理する方法……………………210
| 　2．デザインをマネジメントする能力………………………212
| おわりに…………………………………………………………215

索　　引………………………………………………………219
著者紹介………………………………………………………223

ホンダにみる
デザイン・マネジメントの進化

岩倉　信弥　著

序

　36年の間，著者は，本田技研工業株式会社（以下ホンダ）の自動車デザインに関わってきた。この間，企業デザイナーとして，一担当デザイナーから経営的立場（常務取締役・4輪事業本部商品担当）まで，幅広いデザイン活動に携わることができた。

　種々の「クルマつくり」にそれぞれ違った立場で関わり，そのひとつひとつに様々な思い出がある。

　とりわけ印象深いのは，「初代シビック」「2代目プレリュード」「初代オデッセイ」の3機種である。

　いずれも社会に好評をもって迎えられ，いろいろな意味で，自動車という「モノ」を通じて，世のため人のためお役に立てたと思っている。

　振り返ってみてこれらの機種の登場には，それぞれに，ほぼ10年ほどの間隔があることに気づく。

　「初代シビック」には1970年代初頭，30代の初めに外観チーフデザイナーとして，「2代目プレリュード」には1980年代に入って，40代の初めにデザイン室総括および機種企画責任者として，「初代オデッセイ」には1990年代前半，50代の初めに4輪商品担当役員として関わった。

　10年というのは大変長い期間であり，この間に，社会の情勢や自動車を取り巻く環境，さらに人々の意識は大いに変化するところから，大ヒットという共通項を持ちながらも，これら3つのクルマの形態や性格は全く異なっているのが見てとれよう。

　本書で考察する内容は，それら3機種を代表とする「クルマつくり」に，長きの間，デザイナーとして携わってきた経験に基づきながら，デザインとは何か，またそれをマネジメントするにはどのような段階を踏む必要があるのか，といった点を考えていくものである。

　つまりホンダという自動車企業を例に，デザイン・マネジメントという経営

手法が進化する姿を捉えようとするものである。この視点は，企業戦略としてのデザイン・マネジメントの可能性に，多少なりとも，光を与えることになればと期待する。

そうした考察の方法は，第一には，これまで著者が様々なところで行なってきたスピーチに際して作成した，原稿および寄稿に基づく経験論的アプローチである。

具体的には，これまでに著者がそのときどきで考えたこと，感じたことなどを改めてまとめ直したもの（第1，2，結章）や，一定の時系列をとりながら論理展開を図るもの（第3～6章）として再編集を施すというものである。なかでもとりわけベースをなす原稿は，第1，2，結章の冒頭で示すことにした。

また，第二の考察方法としては，その経験を裏付けるための学者の視点を交えた共同研究の採用がある。第3～6章および付章1，2は，長沢伸也（立命館大学経営学部教授），岩谷昌樹（同大学経営学部非常勤講師）との3年間にわたる共同研究の成果の一部をなす論稿をベースとしている。

この共同研究は，長沢がプロデュースをつとめる，立命館大学大学院経営学研究科での著者の講義科目「製品開発論」と「特別研究」（2000～2002年度）における研究内容を岩谷がまとめるかたちで進めてきたものである。

なかでも第3～6章は，多岐にわたる著者のこれまでのスピーチ原稿および寄稿を原資料としながら，両者による著者へのヒアリングを加えて考察したものである。

また，それらの論稿の初出誌は，『立命館経営学』（立命館大学経営学会発行）である（掲載時のタイトル等は，各章の注1を参照）。

加えて，付章1，2は，本書のテーマに関するところの文献（先行研究）をサーベイするものとして収録している。

以上のような各章の展開を述べると，次のようになる。

第1章「デザインとは」では，今や生活用語の一部となった「デザイン」という言葉の意味を，現場での体験をもとに考えている。

第2章「商品（クルマ）つくりとデザイン」では，主にソフト的観点，なか

でも著者の専門であるデザインや商品企画の経験の中から,「商品つくり」ということについて掘り下げている。

　第3章「デザイン・マネジメントの第一段階：デザイナーの育成」では,ホンダが4輪事業へと進出を果たした1960年代に焦点を合わせて,ホンダが4輪車開発のために必要となるデザイナーの才能を,実際のクルマつくりを通じて,いかに育て上げていったか,という点について捉えている。

　第4章「デザイン・マネジメントの第二段階：デザイナーの活用」では,「シビック」「アコード」という基幹機種が誕生した1970年代のホンダの商品開発事例における「ものつくり」および「戦術つくり」を,特にデザインの側面（デザイナーの活用）から取り上げている。

　第5章「デザイン・マネジメントの第三段階：ブランド形成戦略」では,ホンダが「企業の顔」をつくる時期となった1980年代におけるブランドつくりに焦点を当て,ホンダ・ブランドの形成にデザインがいかに密接に関連しているかについてアプローチしている。

　第6章「デザイン・マネジメントの第四段階：デザイン・マインドによる経営」では,1990年代の初頭から中盤までにポイントを定め,この時期に置かれたタスクグループ（4輪企画室）の責任者,ならびにそれが発展した4輪事業本部での商品担当役員として,ホンダのクルマつくりや商品戦略つくりに,いかにデザイン・パワーを活用できたかを捉えることで,デザイン・マネジメント研究への示唆を引き出すことにつとめている。

　結章「デザイン・マインドとデザイン・マネジメントの本質」では,これまでの議論を再度,総括しつつ,デザイン・マインドとデザイン・マネジメントについての理解を深めることを試みている。

　付章1「経営戦略とデザイン・マネジメント」では,昨今の経営戦略論の領域において,ホンダのどのような点に関心が集まっているかについて探り,一方,こうした点に着目されるがゆえに見落としがちな,より重要なコンセプト,すなわちデザインへの視点に注目している。

　付章2「「戦略的経営資源」としてのデザインとそのマネジメント」では,

デザインの効果を捉えることで，デザインが企業戦略にとって重要な機能を果たすものであり，それをマネジメントできる卓越した能力が競争優位を確立するうえでの決め手となる，ということを指摘している。

第1章　デザインとは[1]

はじめに

　著者は人からよく「デザイン」とは何ですか，という質問を受ける。そう聞かれると，長年「デザイン」を職業にしてきた者としては，即答できないとおかしいのだが，一口でなかなかうまく言えないでいる。
　とは言うものの現在，誰もが「デザイン」という言葉を日常の中で使っているし，その良し悪しがモノを手に入れる際のものさしになっていることも確かである。
　それほど生活用語の一部になっている言葉を，今さら解説するのも気が引けるところだが，現場での体験を通じ，著者が感じている「デザイン」について，そのコンセプトとなるものを，まずは本章で示してみたい。

Ⅰ　デザインを考える

1．「企業の顔」としてのデザイン

　企業内でのデザイン活動を通じ，著者は，デザインとは商品そのものであり，言い換えれば「企業の顔」だと考えている。人にたとえて言うと，「顔に出る」という言葉がある。体の調子が悪い時，心に悩みのある時はすぐ顔に出るものだ。
　しかし，たとえ体のどこかが具合悪くても，志高く，考え方がしっかりとし，真直ぐ正面を向いて生きていれば，面構えもキリッとしてくる。

もちろん，心身共に健全で情熱とロマンを持ち，高い目標に向かって努力している人の顔は，ほれぼれするほど色つやが良く，活き活き輝いているものだ。デザインについても同様である。
　また「自分の顔に責任を持て」とも言われる。ある年令になると，社会の中で自分が何のために生きているのかという存在意義，他との違いや差をはっきりとさせなければならない。
　「良い顔しているね」と言われるのは，こういうことが果たされた時であり，今風に言えば「アイデンティティがあるね」ということになるだろう。
　しかしこのようにして自信を持つことは大切だが，つい自惚れが出て，自分のことしか考えない我利我利亡者の顔になることも，ままあることだ。そうなると怖がって誰も寄りつかなくなり，今度はますます焦りが出て貧相な顔になってしまう。
　人は実力がつき自信がついてきた時こそ他人の気持ちを思い，己をさしおいても，世のため人のために心を配るゆとりを備えることが肝要かと思う。こういう人の顔は見ているだけで気持ち良く，心が安らぎ，いつもずっとそばにいて欲しいと思わせる「徳のある顔」である。
　こういう顔は一朝一夕にできるものではない。デザインについても同じで，日々の精進なくしてはあり得ない。つけ焼き刃の厚化粧や，派手な着飾りだけではすぐお里が知れてしまうし，メッキがはがれてしまう。
　個人や企業，また，地域や国それぞれに体の大きさは違っても，「顔」は大切である。企業で言うならば「良い顔」，つまりは「良いデザイン」を創り出すには，まず企業そのものが健康でありたいものである。
　そのうえで企業の総合力，すなわち従業員の資質，技術力，生産力，販売力，管理能力，さらには，経営陣の決断力に至るまでのトータルパフォーマンスによって，世の中の求めるものを具現化し，商品という「形」にし，それを通して，企業の考えるところをお客様に「メッセージ」することだと考えている。
　デザインが，「企業のメッセージ」と言われるのはこのためであろう。したがって，企業にとって従業員はすべてデザイナーであり，社長は優れたチーフ

デザイナーであるべき，というのが著者の持論である。

　仮に製品のデザインが良くないものであったなら，それは世の中を不幸にすると言って過言ではない。デザインの最も基本的な役割は，モノを人の豊かな生活に結びつけることにある。

　しかしながら，現代のデザインは，生産・販売の効率を最大の目標とする産業社会のシステムに完全に組み入れられていて，大量生産される製品は，必ずしも人間生活の必要性によってつくられるものではない場合が多くある。

　これらは人の欲望を必要以上に刺激して，生活本来の姿を見失わせる危険を常に含んでいる。このような危険を避けるためのデザインの進むべき方向は，生きた生活の現実を正しく捉えることにある。

　「良いデザイン」をつくり出すには，まず企業そのものが「健康な顔」を持つことである。デザイナーと企業は，真の意味での「良いデザイン」の製品を供給して，人々の生活を向上させるという社会的責任について，絶えず自覚しなければならないのだ。

2．価値を付加するデザイナー

　別な角度からデザインとは何かを考えてみたい。デザインという単語を辞書で引いてみると「企画」「計画」「設計」等と載っている。

　これをひと文字ずつわかりやすく書くと，「企てる」「画する」「計る」となり，日本的に言えば決して良い意味ではなく，むしろ悪いことをするのがデザインだということになる。

　一般のイメージでは，デザインとは明るくて，ナウくて，カッコ良いというイメージがあるかと思うが，さらに辞書の行を追ってゆくと「陰謀する」というのに出合う。とすれば，デザイナーはなんと，陰謀家という暗いイメージになってしまう。

　それでは，デザイナーは何を陰謀するのか。これは，第5章でも引き合いに出すたとえだが，キロ当たり200円の鉄を加工し何かの商品（たとえばシビックなどの大衆車）に仕立てて，1,300円で売ったとする。

200円のものを1,300円で売るわけだからそれ自体大変な嘘つきであるが，しかし，それを買った人に喜んでもらったり，他人からほめられたりすると，決して騙したことにはならないわけで，むしろ大変良いことをしたということになる。
　すなわち200円の材料を，心をこめて加工し，お客さんの役に立つような商品にして1,300円で買ってもらうわけであり，この差額が付加価値ということになる。
　また，そのお代が安いと思われれば割安感，お買い得ということになるわけだ。こういうふうに考えれば，デザイナーも世のために大変良いことをしていると考えられる。
　とは言うものの，人様を騙すには相当な覚悟がいるもの。騙せなかったら犯罪になるのだから，そのためにはかなり腕を磨かなくてはならない。マジシャンが最後までお客さんを騙し続けて喜ばせ，それでいて決してタネはバラさないのとよく似ている。
　腕を磨くためにデザイナーは，都会的センスを身につけるべきである。都会では自分の身の回りにおける様々な物事，つまり情報をできるだけたくさん集めて，迅速に対応することが必要になる。
　世の中の動き，時代の流れに敏感でなければ都会では生きていけない。情報の時代といわれる今日，都会的センスを身につけるのはどこに住んでいても不可能ではないが，都会には肌で感じられる現実に接する機会が圧倒的に多いというのは事実である。
　しかし，感性は，環境によってできあがる部分は非常に少なく，概してあくまで個々の人間の心構えによって育っていくものである。よって，デザイナーが外の世界に出て，生きた社会の現実を肌で感じ，これをデザインの「技」を磨くための一助とする必要がある。
　では「技」を磨くとはどういうことであるか。「技巧」を高めることだけが「技」を磨くことのすべてではないだろう。世の中のすべての人工物は，偶然そこに存在したというものではなく，何らかの技術によってつくり出されたも

のである。

　それが優れたモノであったなら、それに見合っただけの優れた技術の裏付けがある。それでは逆に、技術の優秀さのみが優れた物をつくりだすのであろうか。

　蜘蛛は美しく網を張り、蜜蜂は幾何学的に完璧な巣をつくる。これらは確かに優れた技術によるものである。しかし、これらは単に本能に基づく行動に過ぎないわけであり、自らの意志に基づき技術を駆使するのは人間しかいない。

　遠い昔、科学と技術が未熟であった時代、モノをつくることは神への奉仕とも言うべき特別の行為であり、技を極め、術を知り抜いた一部の人にのみ可能なことで、誰にでもできることではなかった。

　特別の行為であるからこそ、人はそれが美しく優れたモノになるよう心を込めたのだ。このような心の欠けた技術は、それがいかに優れていようと結果として良いモノをつくり出せない。

　心を込めてつくられたモノには、その現れとしての独特の美しさ、風格があるもので、古代の名工の手になる作品が、時代の技術水準をこえて現代の我々を感動させるのはこのためであろう。すなわち「技」を磨くことは「心」を磨くことに他ならないのである。

　また、「技」という字を分解すると、「手」へんに「支」えると書く。「手」はふつう指先から肩口までを指すが、指先、手先、小手先仕事は、悪いことをしたり、未熟だったり、気が入らなかったりする仕事ぶりを言う。

　一般的には素人仕事である。手全体いわゆる腕が使えるようになると、腕前が上がったと言われる。しかし、これでもまだ名人とは言ってもらえない。

　「技」ありとは腕（手）を支えているもの、すなわち「体」を使って事に当たることを言う。体全体でつくったものには気合がこもり、腰が入って勢いのあるものになる。そうすればつくった人の気持ちが相手に伝わる。

　こういう力を伝播力といい、また、このように力のこもった商品は商品力が強いと言われる。手先や小手先でやったものは、まず選ばれない。では、どのようにしたら腰の入った仕事ができるようになるのだろうか。

たとえば「学習」という言葉がある。「学ぶ」という字の語源は，真似る，という言葉から来ているそうだ。人は幼い頃は両親，長じて先生や先輩の真似をしながら大人になっていく。
　「写生」は自然のものをそっくりに写すことを言うし，「模写」は先輩のつくった優秀な作品を正確に再現することを言うが，いずれも徹して真似をすることなのだ。
　それを一生懸命何度も何度もくりかえしているうちに，なぜ，どうしてというところまで迫っていくことになる。そして自然や優れた作者という，相手の心の中に入っていくことができるわけである。
　また，「習う」という字の語源は「馴れる」という意味だと聞く。同じことを何度もやるとそのうち馴れてくる。目をつぶっていてもできるようになると，ひとりでに自信がついてくるもの。こういうことを「身につく」とか「板につく」と言う。
　身につくというのは，毎日毎日着物を上手に着る工夫を繰り返すと，着物と体が一心同体になることから来ているらしく，板につくというのは，能，歌舞伎の世界で練習に練習を重ねると，板（舞台）が自分のものになることを言うそうだ。
　こういうふうに，優れたお手本を「真似て」体で覚えるまで「馴れる」ことを学習という。腰が入るようになるには生半可な努力ではできない。
　良い手本を見つけること，学習を重ねることによりまず基礎をしっかり身につけることによってできるものである。そのうえで初めてその人なりの，デザイナーならデザイナーなりの個性が創り出されるものなのだ。
　完璧な水である蒸留水は飲んでも少しもおいしくないのと同様に「完璧な美」が優れたデザインである保証はない。優れたデザインとは，完璧に美しいものを言うのではないのだ。
　優れたデザインには，一見無駄に感じられるような少しばかりの遊び，言い換えるならば自然な色気や人間臭さが必要なのである。人工，完璧，絶対といった言葉の対極にあるものが，自然あるいは人間味というものであろう。

第1章　デザインとは

　この人には「何か感じる」ところがある，と思われるためには「人間味」や「個性」が必要であることと同じである．デザインにおける遊びは，「美しさ」に人間味を加え，見る人の心を楽しく和ませるものだ．

　そして，デザインによって，人の心を引締め緊張させ，あるいは和ませ楽しくさせるのもデザイナーの重要な「技」である．

　その意味でホンダデザインが，自動車の形を決定するにあたって最も留意してきたのは，単なる目先の新しさでも，他社の車との違いでもなかった．その時代の，自動車の在るべき理想の姿を懸命に追求してきたのである．

　デザインにおける美（beauty in design）は，究極の絶対的美の追求ではない．ホンダは，同じ時代に生きる世界中の人々に，自然に受け入れられる美しさを目指してきたのだ．

　そうしたなかで，「何をデザインしているか」と問われたら，「我々は興奮（ドキドキ）をデザインしている（We design excitement！）」と，著者は躊躇せずに答えるであろう[2]．

　というのも著者が「デザイン」という言葉に初めて出逢ったのは，地方の町にあって多感な10代後半の頃だった．今でも忘れられないが，その言葉はなんとも新鮮で，未来感のある響きで著者の心を捉えたのだ．

　この魅力的な言葉にひかれて，著者は東京に出て「デザイン」を学び，魅せられて住みつき，企業のデザイナーとなった．

　このようにして著者の生き方は，「デザイン」「東京」「ホンダ」を結んだ「ドキドキ（excitement）」「ワクワク（delight）」の三角形の中で形つくられてきたように思う．著者にとって「デザイン」とは，「生きる」ことそのものであり，デザイナーとして常に大切にしてきたことは，「!?」だった．

　この符号は「驚くこと…！」「不思議がること…？」の組み合わせで，言い換えれば，感性豊かに生きること（living a life rich in sensitivity）である．

　著者は「デザイン」との出逢いで新しい自分を発見し，夢をもらい東京に飛び出し，ホンダの中で思い切り楽しいドラマを描いてきたつもりだ．

　「!?」を磨き，「ドキドキ」「ワクワク」を「姿・形」につくり上げ，大勢

の方に喜んでいただくことが，著者の考える「デザイン」である[3]。

Ⅱ 「形は心なり」

1．世のため人のため

　1970年代初頭，「初代シビック」をつくろうとしていた頃のホンダは，会社として非常に苦しい状態にあり，自動車から撤退しようかという時期があった。そういう生きるか死ぬかの状況の中で，皆で考えに考えぬいた結果生まれたのが，ダンゴみたいな3ドアの「シビック」だった。

　この「シビック」のベーシック・カーコンセプトは，当時の排気ガス規制や石油ショックの状況下で周囲からその真価を認められた。ふつう日本の車はだいたい4年でモデルチェンジをするのだが，7年間も売り続けることができた。

　しかし，それだけ続けるとだんだん飽きられてきたり，競争相手がいくつも出てきたりして商売も苦しくなってくる。

　そこで，お客さんからの声をもとに営業，サービス，生産，それぞれの立場から改良すべき項目をすべて盛り込み，万全を期してモデルチェンジしたのが「2代目シビック」であった。

　だが，なぜかいまいち盛り上がりに欠けたのである。「ホンダらしくない」とか「古くさい」というのが大方の評価であった。その反省としては，デザイナーが「初代シビック」の成功に満心していたこと，それに，開発する誰もが失敗を恐れて冒険せず保守的になっていたからだろう，と著者は考えている。

　古いと言われるほど，デザイナーを傷つけ落ち込ませる言葉はない。著者は常々「デザイナーを殺すには刃物はいらぬ，古いと一言いえばよい」と言っていたくらいだ。

　そのような状況下，当時の仕事場であった本田技術研究所で，研究所社長から，「君はデザイナーをやめろ」と言われた。時期が時期だっただけに，最初は大変びっくりし，これで一巻の終わりかと観念した。

第1章　デザインとは

　だが，次に言われたのが，「世界一のデザインが，次々と出てくる部屋（デザイン室）をつくれ」ということであった。4輪デザインを任されることになったのである。

　「2代目シビック」が市場で不評を託（かこ）ち，デザイン部門だけでなく，会社全体が重苦しい雰囲気であった。この状況を打ち破るには，著者にできることとして，デザイナーたちが，心をひとつにして事に当たれる強力なスローガンが必要と考えた。

　とは言っても，人が無意味なお題目に共感するはずはない。皆を納得させる良い言葉はないか，と悩む日々が続いた。そんななか，ある本で鈴木正三（しょうざん）という人のことを知る。

　この人は，江戸時代初めの武士で徳川家康の旗本の一人であったが，後に出家し禅宗の僧となって，人々に正しい生き方を伝えた。彼の説は非常に単純明快であり，人が修行（菩薩行）することによって理想的社会が実現するというものだった。

　ところが，僧侶以外の一般の人々が，自分の仕事をなげうって修行することはできない。そこで，その代わりに，人それぞれ一心不乱に己の勤めに励めば，それがすなわち仏行であり，そうすることが，誰もが持っている仏心どおりの生き方をすることなのだと説いた。

　農民にとっては「農業即仏行」であり，商人にとっては「商売即仏行」である。これを読んで，まさに目から鱗の落ちる思いをした。「デザイン即仏行」だ，と。ただデザインの現場に，「修行」や「仏行」はあまりにも抽象的でわかりにくく，また今風ではないしデザイン室員の理解も得にくいだろうが，思い切ってこれをスローガンの中心に据えた。「仏行」とは，世のため人のために一心不乱にデザインすることと考えれば，必ず良い結果が得られるに相違ない，と思ったからである。

　しかし，不評の「2代目シビック」だって，一心不乱にデザインした結果ではないか，との疑問に直面する。そこで著者はさらに考えを進め，一心不乱にデザインを行なう前提として，デザイナーの心構えが重要だと考えた。個人差

15

はあるにしても，人の心は多かれ少なかれ顔に表れるものだ。

　顔については先に述べたとおりである。人は，心やすらかであれば顔つきは穏やかになるし，悩みや怒りを秘めているならば険しい顔つきになる。そして顔つき同様に，人がつくり出す様々なモノにも，その人の気持ちが顕著に現れるものだ。

　確かに「2代目シビック」の開発にあたっては，好評だった初代を大いに意識したはずである。自戒して言うのだが，いろいろな意味で慢心していたのは事実であるし，同じようにつくれば再び社会に受け入れられるであろうとも思っていた。

　おそらく，そういった心ができあがった製品に表れてしまったのであろう。世間はそれを見逃さなかったのだ。

2．普遍性・先進性・奉仕性

　正月休みも返上して計画書を書き上げ，さっそく社長のところへ持ち込んだ。著者はその計画書の冒頭に「形は心なり」と書いた。「かたちはこころ」とは，この時に著者が苦しみや悩みの中からつくった言葉である。

　デザイナーの心は形に表れるものだ，という意味でもあるし，さらに言うと，デザイナーには，自分のこころをかたちに表せるほどの力量が必要である，という気持ちも込めている。

　明治の人，南方熊楠は「『モノ』と『こころ』でつくる『こと』という不思議な世界がある」と先見した。

　今後，デザインはモノにだけ関わるのではなく，そのモノによって，どのくらい素晴らしい「こと」が生み出せるのかにも関わるべきだと，ものつくりをする者たちは自覚せねばならない。形はつくっている人の心が表れるもので，それには，心から鍛えることが重要である，という想いを込めたのである。

　そういう心掛けで毎日努力を積み重ねると，自分が信じられるようになってくるもの。これを「自信」と言う。

　次に，「デザイン即仏行」と書いた。これは，先に述べたようなことからた

第 1 章　デザインとは

どり着いた言葉だった。

　デザイナーはともすると, 格好つけ屋で手前勝手になりがちである。つい自分の名前が売れることを先に考えてしまい, 何のために誰のためにデザインをしているのかを忘れてしまいがちだ。

　デザインをする心得として, 世のため人のため一心不乱にやることを心の拠り所としたい, と考えたのである。

　それから, デザインを進めるにあたって 3 つのことを大事にしようと心に決めた。「普遍性」「先進性」「奉仕性」, この 3 つが上手に組み合わせられていることが大切である, と。

　松尾芭蕉の言葉に「不易流行」がある。俳諧の誠を説いた言葉であり, 「千歳不易」「一時流行」を表している。プロダクトデザインにおいては, 継続 (不易) と変化 (流行) が交互に繰り返され, あるいは同時に進行してきた。

　自動車においても, 本質的な部分は「不易」なのだろうし, 外観や乗り味, 使い勝手は「流行」なのであろう。デザイナーの仕事は「モノ」に新しい形態や性格を与えることに違いないのだが, それらの本質や普遍性をないがしろにしてはならない。

　奇をてらっただけの造形, 有名ブランドであることだけが取り柄の商品, 実体からかけ離れた価格など, 「モノ」としての本質からかけ離れた製品のなんと多いことか。

　良いデザインには, 「不易」である部分と「流行」である部分が必要なのである。そして同時に, 「モノ」に「心を込める」という行為がいかに大切であるかを忘れてはならない。

　よって著者は, 「不易流行」と「心を込める」を, 今の人たちに通用する「普遍性・先進性・奉仕性」という言葉に置き換え, デザインに重要な基本 3 要素と考えるようになった。

　「普遍性」とは, 不変性とも言え, 長い年月淘汰されそれでも残っている良いもの。変わらなくても良いものである。また, 世界中のどんな人が見ても評価が変わらないものを言う。

「先進性」は，時代性とも言え，人より進んでいるだけではなく，もちろんそれも大事だが，3～4年後にあの時買ってよかったと思うもの。何年か前に最先端だと思って買ったのに，すぐに古くなり色褪せてしまい，他人からバカにされるようなものでは先進性とは言えない。

「奉仕性」は「普遍性」と「先進性」の両方を織り合わせるために「心を込める」ことである。

布にたとえると，「経糸（たていと）」は「普遍性」や人間社会，「緯糸（よこいと）」は「先進性」やその時代その時代の動きであり，この経糸と緯糸を，強くもなく弱くもなくキチッと強さを加減し，時代時代の柄にうまく織り上げるものが「奉仕性」となる。これは，過ぎても足りなくてもいけない大変難しい「心を込める」作業である。

こうして，「デザイン即仏行」という少しわかりにくい，が何やら意味ありげな言葉に加え，「形は心なり」「普遍性・先進性・奉仕性」のスローガンがそろったのである。

こういうことを大事にしながら計画を進めたいと社長に申し出た。しかし，社長は最初の一頁だけ見て「ところできみ，いつできる？」と言われ，著者は「3年ください」とお願いしたのだが，結局半分の1年半にねぎられてしまう。

この頃はちょうど「2代目プレリュード」を手掛け始めた頃だった。目標達成の第1号を「2代目プレリュード」で実現するという社長との約束を守り，デザイナーが一丸となって実行計画を進めていったのである。

結果的には「2代目プレリュード」は大成功し，世界中の方々に喜んでいただいた。良いものは日本でも，世界のどの国でも評価は一緒だということがよくわかった。

その自信で思い切った「3代目シビック」をつくり，これも世界中の賞を一人占めするほどの高い評価を得た。なかでも自動車デザインのメッカであるイタリア，トリノ市から世界一のデザイン賞を受賞したことは強く印象に残っている。ちょうど実行計画を書き上げてから，3年経った頃だった。

著者は以上のような経過の中から，高い目標を掲げ，自信を持って事に立ち

向かうことは，物事を進めるにあたって大変重要なことだということを学んだ。また同時に，その目標と現実との距離を正確に知ったうえで，その「間」を埋める的確な手段を見出すことが，デザイナーの役割であるということを知った。

　もう一つ，これは大事だと思ったことがある。自動車は二万点以上の部品からできているが，その部品一点一点が同じ目標に向かわないと主張の強い商品にはならない。

　それには開発の初期段階で，それぞれに得意の分野の人が集まり，いろんな角度からワイワイガヤガヤやり合って，共通目標を作り上げることが大切だということ。

　またそういう場では，上下関係や各部署をさえぎる壁をとりはらうこと。全員が創造力豊かなデザイナーになることだ。皆のコンセンサスをとることではなく，議論の中から，「これしかない」というような拠り所を見つけ出すことが鍵となるのだ。

3．「感じる」デザイン

　これまで，デザインとはどういうものであり，良いデザインを実現させるためには心を込めた「技」が必要であると述べてきた。また，その「技」はどのように磨いていくかについても触れてきた。

　次に「技」が宝の持ち腐れにならないように，言い換えればデザイナーにとって，最も重要なことは何なのかについて示してみたい。

　よく田舎もの，都会的と対称的に言われるが，住んでいる場所とは関係がない。都会生れの田舎ものはたくさんいるし，その逆の例も多い。田舎ものとは野暮で垢抜けしない人のことを言う。洗練されて垢抜けした人のことを都会的と言うが，大都会にいると放っておいてもきれいになれる。それは「いもこぎ（芋洗い）」と同じで，お互いがこすり合い洗われてきれいになっていくからだ。洗うとどうなるかというと，身体がきれいに美しくなる。身体を美しくすることを「躾」という。これは何のためにするかというと，人様に迷惑をかけないためである。迷惑をかけないために人に気を配るのだ。

そうすることによって，人の気持ちがわかるようになり，さらには，人を気持ち良くさせることにつながる。
　同様に垢抜けするということは肌がきれいになることで，世の中の動きや，時代の流れに敏感になること。これは周りの物事にいつも感動できる心を育てる。
　あの人はセンスが良いと言うことは，その人の持っているセンサーが良いと言っているのではないかと思う。これこそ「肌で感じる」ということではないだろうか。
　日本古来の茶道や小笠原流礼法は，そういうことを教えるためにできたものであろう。だから，デザイナーは美しいものをつくろうと思ったら，まず自分をきれいにすることだ。著者が「形は心なり」と言っているのはそういうことなのである。
　都会は別の言い方をすると，巷になる。これは，己と共にいろんな人がいるということである。都会へ行ったら見も知らないいろんな人に気を配らなければならない。「共生」という言葉がある。
　その代わりに周りの大勢の人達が持っているたくさんの情報が黙っていても入ってくる。町へ行こう，ドキドキしに行こうということになる。
　巷という字にサンズイへんをつけると港になる。海の向こうから知らない人がやってくる。また新しい情報が入る。それが刺激になる。それでさらに前に向かっていこうということになる。
　もっと早くたくさんの情報を得ようと思えば，港に空をつけるとかなえられる。すなわち空港である。情報をそういうふうに考えると，それは自分を高めるエキスとなるのだ。やはり，ドキドキするところへは人が集まってくるもの。
　そういう人を捕まえて，いろんなことをしてもらうことも一つのやり方かと感じる。ムンムンカッカッという言葉があるが，やはりそういうところに新しいものを生み出すエネルギーが生まれてくるのではないだろうか。「共創」という言葉に通じる。
　洗練されただけではただきれいなだけで，イモを洗ったと同じである。デザ

インには色気が必要だ。洗練の世界だけでは気持ちが高ぶらないし面白くない。色気も同時に必要だということ。

　何だか知らないけど，この人には「感じる」ところがあるな，と言われるためには，洗練を越えた品の良い色気みたいなものが，言い換えれば人間味みたいなものが必要であろう。こういうデザインを著者は「感じる」デザインと呼びたい。

Ⅲ　再度デザインを考える

1．「デザインすること」とは

　1970年代から，高度成長に伴って日本のデザイン界は，社会との関わりを気にするあまり「データ」や「コンセプト」に縛られ，「かくあるべし」というデザイナーの「心」とは，別の理由による方向付けが重視されるようになった。

　その結果，今日のデザインは，生産と消費という社会の巨大システムに飲み込まれてしまったと言ってよい。デザインは，社会とつながりを抜きに存在し得ないわけだから，著者自身，決して調査データやコンセプトメークの重要性を軽視したり否定したりするものではない。

　しかし，これらは，もともと社会という数値化の不可能なものを，便宜的に数字に置き換えて測ろうとしたに過ぎず，何らかの目安にはなっても世の中のすべての事柄はデータ化できないはずである。

　元来，人の世は数字に置き換えられないものなのだ。普通の人々が普通に暮らし，時々刻々と変化していくのが社会であるし，「ものつくり」の源はそうした人々の欲求・願望に基づくものであったはずである。それらはわがままで自分勝手であり，時として理不尽なものであったに相違ない。

　それでも世界の様々な文化は，こうした無数の欲求・願望が積み重ねられ熟成されて生まれてきたものなのであろうし，デザインもそれと並行して生まれ育ってきたものなのだ。

「ものつくり」を単純化して言うなら，人間の意志や想いを「目に見えるもの」「手で触れることのできるもの」として具体化することである。現代のシステム化された「ものつくり」に，こうしたニュアンスは希薄であるが，その本質に変わりはない。

　著者は，「デザインすること」とは，デザイナーが主観的に考え，それを客観的に表現し実現する「ものつくり」であると考えている。もちろん，世の中にあまねく行き渡り，人々の役に立つために「デザインの客観性」は重視されねばならない。

　しかし，たとえわずかであっても「ものつくり」に込めた人間の意志や想いが感じられないような，いわば機械的に決められたデザインを，著者は認めたくはないのである。

2．科学とデザイン

　我々の世の中には，万人が等しく認識できる問題とそうではない問題とがある。前者は科学や技術の受け持つ分野であるし，後者は芸術や哲学の分野である。

　芸術の捉え方は，人それぞれ千差万別であるし，同じ人であっても，その時の気分次第でいくらでも変化する。たとえば「美」は人それぞれに感じるものであって，これを定義して他人に説明するものではないはずである。

　多くの言葉を重ねて「美」を定義しようと試みても，その属性は定義できても，その本質の定義はできない。「美」を定義するのは不可能であろうし，その必要もないと思う。

　したがって，こうした身近で曖昧な問題は，近代の科学や技術の取り扱う問題にはなりにくかったのだが，定義が不可能であるからといって，それらが虚構であるわけでも，存在しなかったということでもない。

　かつての「世の中」は，モノと「人の心」とが一体になってかたちづくられていた。近代科学は自然を客観視し，自己との違いを明確にすることから出発している。

第 1 章　デザインとは

　これに立脚する世界観では，モノと「人の心」とは分離され，それぞれが異なる別個の存在として捉えられてきた。モノは定義できるが，「人の心」を定義するのは極めて困難である。
　そのような曖昧で混沌とした事柄は芸術の対象とはなり得ても，明快で論理的で万人に等しく理解できることを旨とする近代科学の研究対象となりにくかったに違いない。
　もっとも，このような割り切りがあったからこそ科学が発展できたのだろうが，これによって，本来存在していたはずの「ひと」と「ひと」，そしてモノと「ひと」との関係が見えなくなってしまった。
　モノを「ひと」から切り離すならば，それが人の想いとは無関係に勝手な一人歩きを始めるのは当然である。自動車もそうだしコンピューターもそうだが，特別な状況での性能や性質ばかりが問題にされるようになってしまった。その多くは普通の人々の日常とは全く無縁なものであることも事実である。
　こうした観点から，近代科学はモノの限界を探求し，近代技術はそれ自体の限界の拡大を目指すものであるとも言える。このような科学や技術がその目的達成のために最高度の効率を発揮しようとするには，柔軟な開かれた場所ではうまくいかない。固定化され閉ざされた場所が必要であり，世の中のすべてがこのような状況であることが望ましいとされたのであろう。
　まことに愚かなことに，人間は科学技術の発展のために，そうした状況を黙認してしまった。変化に対して柔軟であるはずの人間と社会を，固定化した場に無理やり押し込んでしまったということである。
　その結果として，「人の世界」は確かに物質的に豊かに拡大したが，同じ分だけモノを「ひと」から引き離してしまったのだ。そうした状況下でのモノと「ひと」との関係が，良好であるはずはない。

3．「モノ」から「こと」へ

　司馬遼太郎は著作の中で「文明は誰もが参加できる普遍的なもの・合理的なもの・機能的なものをさすのに対し，文化はむしろ不合理的なものであり，特

定の集団（たとえば民族）においてのみ通用する特殊なもので，他におよぼしがたい」と述べている。

　近代科学が対象としてきたのは，万人に平等で客観的な世界であり，隅々まで整然とした美しい論理が行き渡っていることを当然とする世界であった。先に述べたように，その結果として近代科学は，自然の厳しさや疫病の脅威から我々を守り，生活を豊かに快適にしたのは確かである。

　本来，科学は，我々の宇宙をできるだけ単純な言葉で明解に説明するための学問であるはずだったから，モノそのものではなく，モノとモノの関係を明らかにすることが目的であったはずである。

　ところが，近代科学は「文明」と「文化」，「合理」と「不合理」，「モノ」と「ひと（こころ）」などのバランスによって世界が形成されることを無視して，片方を一方的に切り捨ててしまった。これが，環境をはじめとする経済，人口，宗教，南北問題などの現代文明の歪みと行き詰まりをもたらす結果となったのだと考える。

　人間の世界は，科学の論理のみでは割り切ることはできない。我々の住む現実の世界は不平等かつ自己中心的なものであるから，この世界に住む我々人間の気持ちは，論理よりも非論理，客観よりも主観，さらに個性的で変化に富むものにより惹かれるのではなかろうか。

　人間に限らずこの世の動物はすべて，変化のない環境にはすぐ飽きてしまい，絶えず次の変化を求めるものなのだ。「絶対」を探求する科学は進歩しなければならないが，変化してはならない。人の世界と相対的に時々刻々変化しなければならないデザインは，この点で科学よりもずっと人間に近く，人のこころに馴染みやすいものなのであろう。

　それでもデザインはやはり「科学的」だと思う。あくまでも「科学的である」と言うのであって「科学である」と言っているのではない。

　科学では，ある仮説を証明するためには，それのもとになるであろう理論を，階段を一段ずつ昇るようにして証明していかなければならない。これは，特殊な事柄（つまり研究者の仮説）を一般化（法則化）する場合のやり方で「帰納法」

と言われている。

　他に，一般的事象を積み重ねていって結論に到達するやり方もあり，これが「演繹法」である。どちらも論理学での推論の方法であるが，科学者が研究を進める場合のやり方として広く行なわれている。これにデザインの方法をあてはめて考えるならば明らかに前者に近い。

　もちろん，「科学」と「デザイン」では目的と手法が全く異なるから，一概に同一視はできないのだが，最初にデザイナーの心に浮かんだもやもやしたイメージを現実の製品にしていく過程は，科学者が実験を繰り返しながら仮説を証明していくやり方とよく似ている。

4．想なくして創なし

　デザインの概念が，産業革命以降のものであろうことは論を待たない。が，「ものつくり」に必ずついて回る「デザインする心」や「創造のためのエネルギー」は，もっとずっと昔から，ことによると，火や道具を使い始めたばかりの頃の人類にさえあったに相違ない。

　20世紀においては，科学技術が社会を素晴らしい未来へと先導するはずであった。19世紀末から20世紀初頭にかけて生きた人々の未来へのイメージは，科学技術に対する一途な信頼に基づく豊かさに対しての自信に満ちていた。

　そして今や，この伝統的な近代科学や近代技術がその方向を大きく変えようとしている。「ものつくり」の方法は，手仕事から機械による大量生産に取って代わられ，さらにコンピューターを駆使するようになった。

　しかし，これは「変化」したと言うよりも，おそらくは「多様化」したと言うほうが正しいのであろうと思う。だから，人それぞれ百人百様のやり方があってかまわない。重要なのは「自分がつくり出したいのは，これだ」というエネルギーである。

　著者の経験から言って，こうしたエネルギーは主体的に蓄積し発散するものであって，そのきっかけとなるのは，現状に対しての自己の不安感や一種の危機感である。そうした現状の把握は，外部からの客観的情報を取り込むことに

よってなされるのだ。

　このことから言えば，デザイナーの仕事というものも，主観と客観，継続と変化，安定と混乱を，行きつ戻りつしながら為されるものなのである。著者が薫陶を受けた本田宗一郎には，モノに対しての強烈な想いがあり，それが創造へのエネルギーにつながったのであろう。

　そうした想いが，技術の固まりであるようなオートバイや自動車に表れていたからこそ，世間の人々に，ホンダの製品は個性的であると言われたに相違ない。やはり，「かたち」は「こころ」を表すものなのだ。著者にとってデザインは，ただの仕事ではなく，いわば天職であり生きている証でもあった。

　しかし，ものつくりの現場でのデザインは，個々のデザイナーの想いとは無関係に進行する場合が多い。度重なる妥協にフラストレーションを募らせる同僚も数多くいたし，若かった著者自身こうした傾向に反発したものである。

　先に述べたように，デザイナーにとって最も重要であろう「創造のエネルギー」は，外からの働きかけによって生まれるものでは決してない。客観的に現状を把握し，それを主観的に分析することによって初めて生まれるものである。

　ビジネスとしてのデザインは，客観的かつ現実的でなければ存在できないから，そのビジネスが大規模であればあるほどこうしたやり方は困難になり，「かたち」に，個々のデザイナーの「こころ」を表すことは容易ではない。

　とは言うものの，あきらめて惰性に流されてはならないし，機械的にデザインしてもならない。たとえそれがほんの少しであっても，本来人間に備わっているモノに対する「想い」を，かたちに表すのがデザインなのではないだろうか。

　本田宗一郎からたたき込まれたことのひとつに，「現場・現物・現実」という言葉がある。もちろん，当時もその重要性は理解していたつもりでいた。

　しかし，今になって思うと，「想い」すなわち理想とする姿・形を実現するために，「現場・現物・現実」を知り尽くすことは，目標に向かって跳躍するためのスプリングボードをしっかりさせることであったのではないだろうか。

第1章　デザインとは

　想いを単なる夢に終わらせてはならない。夢は実現してこそ夢である。デザインを進めるにあたって，「客観」と「主観」，「論理」と「感覚」の内容のバランスをどうするかは，大変に頭を悩ませるところである。「現場・現物・現実」は，客観的にモノを見ることの重要性を教えているが，大事なことは主観的に「想う」ことが先にあり，具体的に，まずモノのイメージを膨らます過程（創造のプロセス，すなわち，感じ，想い，考え，行なう，というようなことを，言葉で，文字で，絵で，何回も転がしながら育てていく）が大切であると教えられた。

　まさしく，創造力は想像力から生まれるのである。そうしたイメージを膨らます過程の中から，「ものつくり」の「こころ」が，豊かに育つのではあるまいか。

　その動機が強烈な自己主張であれ単なる仕事であれ，デザイナーの「想なくして創なし」であり，そのための「現場・現物・現実」なのであろう。著者はデザイナーが最初に心にイメージを浮かべることを重視したいのである。AだからB，BだからCという具合に展開されるデザインのやり方を好きにはなれない。

　「科学的」とは言っても，デザインの場合，目的に到達する道筋はひとつとは限らずたくさんあるわけだし，「柔軟」というか「いい加減」というか，場合によっては目的そのものを別のものにすることだって珍しいことではない。著者はそれで全くかまわないと思う。

　ひとりよがりのデザイナーが「これが絶対だ」などというデザインは世の中に受け入れられ難いし，もともと世の中に合わせて時々刻々変化していくのがデザインなのであろう。

お わ り に

　現在，「デザイン」については様々に言われている。また著者自身，長い間，実際にデザインの現場でものつくりをし，その結果に対し世の中から厳しい評価を受けてきたものの，それについて研究をしてきたわけでもないので，特に

「定説」を持っているわけでもない。

　世阿弥の言葉に，「舞を舞い，舞に舞われる」というのがある。30歳半ばに読んだもので，どの本に書かれていたものかは記憶にない。がこの年になっても，著者を支配してやまない言葉のひとつである。

　記憶だけで申し訳ないが，舞い手が舞っているうちに，観客が感動する坩堝の中で，無我夢中になって実力以上の舞を舞い，気がついたら終わっていた，という話と心得ている。

　主客が一体となる，まさしく世阿弥の父，観阿弥の言う「一座建立」の世界なのだ。デザイナーとユーザー，師と弟子もかくありたしと思う。

　また世阿弥は，「花鏡」に「見所より見る所の風姿は我が離見也」と書いている。これは，どんなに演技に熱中していても，客席からの視点で自分の演技を冷静に見て，さらに目を前方に，心を後方に置いて，自分の後ろ姿にも注意を払えば，全体にすきがなくなるという意味である。

　デザイナーにとっても含蓄の深い言葉であると思う。デザインが社会と切り離せない活動である以上，どのように社会に役立ち人々を幸せにするか，そのためにつくり手であるデザイナーはどのように考えなければならないのだろうか。

　能役者にとって客席からの視点が重要であるように，デザイナーにとっても「ユーザー（客席）」からの視点は重要である。やはり著者はモノに「こころ」が表れるのがデザインの理想と考える。

　次章では，そうしたものつくりを自動車の例から取り上げ，そこにおけるデザインの役割について触れていきたい。

---

(1)　本章は，多摩美術大学への論稿「かたちはこころ―わたしのデザイン考―」(2001年) と，特許庁100周年記念講演 (1989年) に際しての原稿「デザインと企業」をベースにしている。

(2)　ここでの「優れたデザイン」に関する考え方は，FISITA（国際自動車技術連合会）主催 'International Federation of Societies of Automobile Engineers' における講演 (1991年10月4日，於ベルファスト（アイルランド）) に際しての原稿 "AUTOMOBILE

第 1 章　デザインとは

DESIGN" から引用している。
(3)　この「!?」については，ICSID '89 NAGOYA「世界デザイン会議89」記念冊子への巻頭言として寄稿した「あなたにとってのデザインとは？（What does "design" mean to you ?）」から引用している。

第2章　商品（クルマ）つくりとデザイン[1]

はじめに

　1990年代初頭，バブル経済の崩壊に伴う景気の低迷で，日本の製造業全体の元気が失われていた。自動車産業も例外ではなく，最盛期に比べて4割近い生産減の状況の中で体質改革の最中にあった。

　こうしたバブル景気の崩壊後においては，人々の価値観の変化が訪れたと著者は見ている。すなわち，人々の心の中に「本当に自分にとって必要なモノは何であろう」という価値の問い直しが芽生えてきたのである。

　これは，いわば社会が「機能優先社会（Functionality First Society）」から「意味充実社会（Purpose Enriching Society）」へ転換しつつあり，人々がその混沌の真っ直中にいることを感じ始めた，ということである。

　「機能優先社会」とは，世の中の中心は自分であり，合理性と物質的豊かさの追求が善であるとする社会である。

　一方「意味充実社会」とは，自分を含めたすべての人々の人生が豊かになるように，暮らしと環境との調和を目指す社会のことである。

　このように価値観が変わろうとする時代を「メタモルフォーゼの時代（the period of Metamorphosis）」とホンダでは呼ぶことにした。つまり，「さなぎ」がきれいな「蝶」に変身するように，著者たちは今までとは全く異なる価値観を得つつあるのだ[2]。

　こうした時代において，企業にとって最も重要なのは，やはり「商品」である。「お客さん」が喜ぶような充実した意味を持つ商品をつくり出すということが鍵となる。

たとえば,「商学」という学問がある。これは,「商い」とは何であるかを問い,それを上手にやるためにはどうするかを学ぶ学問である。
　著者の担ってきた仕事は,その「商い」のための品物,すなわち商品をつくること,それもクルマつくりを30年あまり行なってきた,モノの「つくり屋」である。そうした実際の「ものつくり」において著者は,前章で示したような著者なりのデザイン考を活かしてきた。
　クルマつくりについて考える場合,様々な観点があるだろう。技術的,経済的,政治的などいろいろ考えられるが,本章では「ハード」と「ソフト」の,主にソフト的観点,なかでも著者の専門であるデザインや商品企画の経験の中から,「商品つくり」ということについて考えてみたい。

I　デザインが担うもの

1．製品を方向付けること
　工業製品としての自動車の特徴は(他の工業製品についても同じことであるが),企業によって大量に生産されるということだ。そして,企業の活動は社会や経済の状況と切り離すことはできない。
　つまり,自動車メーカーが大量生産する製品は,社会に大きな影響を与えることになる。クルマつくりの第一歩は,この影響と結果がどのようなものになるかを予測して,「どんなクルマをつくろうか」と考えることから始まる。
　それは,その時代のクルマはこう在るべきだという「方向付け(コンセプト)」をすることである。クルマの役割は,人間や貨物の移動や運搬であることは誰にでもわかるだろう。そして,モノとしての根本的役割は,人間を豊かに幸せにすることだ。
　しかし,今の世の中で大量生産されるモノの中には,人間にとって不要なものも多数含まれている。見掛けだけ立派で実質のないモノ,実質に対して異常に高価なモノ,なくても不便でないモノなどがそれにあたる。

第 2 章　商品（クルマ）つくりとデザイン

　これらは必ずしも生活の必要性によってつくられるものではないが，産業社会には生産・販売の拡大を目指すという，当然の，ある意味では困った性格がある。

　よって，生産・販売されるモノの「方向付け」を誤るのは大変に危険なことで，そこら中を無用な品物でいっぱいにしかねない。かつてのバブル経済時の狂乱は，その危険が現実のものとなった最もわかりやすい例だろう。

　大量生産されるモノの質が低かったり，不完全であったり，まして，それ自体が無用のものであったなら，それは世の中を不幸にする。質が低かろうが，無用のものであろうが売れればよい，会社は儲かるし結構なことであるという考えもあるだろうが，賛成はできない。

　ほんの一時，多少の利益を上げることができるかもしれないが，長い目で見た場合，生活の現実を無視した結果は，大きな不利益となって返ってくるものだ。

　産業社会が人間を見ずに，技術や生産の効率のみを追求し続けた結果がどうなったかは，今から30年ほど前の公害問題がよく物語っている。効率を追求すること自体は決して悪いことではない。優れた製品を安く世の中に提供することは重要なことである。

　しかしこの時は，モノと技術の進むべき方向を見失っていた。モノや技術は何のためにあるか，これは言うまでもなく「人間の健康で豊かな生活」にあるのだが，この視点と方向付けを失っていたのがこの時代だった。

　現在では，技術のための技術，生産のための生産といった考え方は，すっかり見直されてきている。そうしたなかで，以前のような公害問題が再び起こることはあるまい。

　それは，製品の方向付けが確実になされていくからである。この製品の「方向付け」をするのに最も重要なものそれはデザインである，というのが著者の持論である。

　日本でデザインという言葉が使われるようになったのは戦後のことで，今から45年余り前のことだと聞く。

敗戦で資源豊かな領土の多くを失い，原料の乏しい日本が生きてゆくためには，加工貿易の振興が必須であった。このためには，最大の貿易相手国になるであろうアメリカの実状を知る必要がある，ということで通産省が音頭をとり，産業界のリーダーたちによる視察団がアメリカに派遣された。

　この時の団長が松下幸之助である。視察団は，行く先々で「デザイン」という言葉を耳にした。どこへ行っても大勢の人が言っているから，きっと重要なことに違いないのだが，いったい「デザイン」とは何だろうと全員が思ったという。

　注意深く聞いてみると，どうも「デザイン」とは製品の色や形のことを言っているらしく，どうやら，アメリカを豊かにしているのもこの辺にあるようだと思ったとのこと。

　そこで，この「デザイン」という考え方を日本にも取り入れ，製品の見栄えを少しでも良くして輸出を振興し，経済を復興させようと考えたというわけである。

　デザインとは「製品に装飾を施し，少しでも高く売るための手法」であるというのが，当時の産業界をはじめとする世間一般の理解であったようだ。これは決して間違っているわけではないが，デザインの一面しか捉えていないものと思われる。

　日本でデザインが誤解されたことがもう一度あった。それは，東京オリンピックの前後の頃，日本中が「デザインブーム」で沸き返った時代である。

　デザイナーが若者の憧れの職業とされた頃で，実態は全く逆なのだが，これが楽で格好良くて儲かる仕事であると思われていたのだ。同時に，デザインやデザイナーが，軽薄でいい加減なものであるという受け取られ方をされた時期でもあった。

　それでは，形を決めたり飾ったりすることだけではない，ましてや金儲けの手段でもない，となると，いったいデザインとは何なのかということになるが，前章で述べたように，企業デザイナーとしての私が考えるデザインとは，「企業の顔」を表すものであり，企業の持てる力を結集し，それらを製品という

第 2 章　商品（クルマ）つくりとデザイン

「形」すなわち「顔」にすることなのである。

2.「共通の場」を演出すること

　企業は，自らの「顔」を示すデザインを通じて社会とコミュニケートしていく。デザインの役割は，社会や人々の欲求に対するメッセージを，製品を介して伝えることにある。

　コミュニケーションには，共通の「場」が必要である。これは，場合の「場」や，立場の「場」，場違いの「場」などという時の「場」のこと。手で触れたり，目で見たりできない抽象的な概念である。

　たとえば，友人どうしが集まって話を始めるとする。話といっても議論ではない。気の合った者どうしが打ち解けて行なう雑談である。話が進んでいくと，何となくそれぞれの気持ちがわかったような感じがしてくる。

　そうなると友人どうしの一体感が生まれて，それぞれの相手が理解できるようになり，心と心のコミュニケーションが可能になる。

　人間のコミュニケーションというものは，伝言のように，言葉を交わしてその意味を理解するだけのものではないはずである。言葉の意味を理解するだけなら，手紙でも電話でも十分だ。

　しかし，すべてが言葉では表しきれるものではない。それに，言葉によるコミュニケーションには，意図しない嘘や飾りが混じりがちである。

　コミュニケーションの本質は互いを理解することであり，心と心が触れあう状態があって初めて実現できるものだ。人間どうしが深く共感しあえる時，そこには何らかの共通の「場」ができているはず。

　これについては，おもしろい例がある。アメリカの自動車と電話の普及率は現在世界一だが，電話はアメリカのグラハム・ベルという人が発明した。1875年のことである。

　彼はベル電話会社を設立し独占的に事業を始めたが，なかなか普及しなかった。家庭や個人にとっては高価過ぎたし，役所や会社にとっては電信で十分に用が足りていたからだ。

後にアメリカ各地に電話会社がたくさんできて，競争が盛んになり，普及に弾みがつき始めた。この時期は，自動車の普及の始まりとほぼ同時期であった。
　電話さえあれば，わざわざ車で出かけて行き，人に会って話をする必要もない。当時の自動車会社の経営者は，自動車のライバルは鉄道ではなくて電話だ，と真剣に心配したそうだ。
　しかし，その後のアメリカでの電話と自動車の普及はほぼ同じカーブを描くこととなる。電話とクルマとはそれぞれの役割が違うから，表面上の単純な比較はできないが，それぞれをコミュニケーションのための道具と捉えるなら，なかなか興味のある比較と言えよう。
　言葉のコミュニケーションだけで，世の中が成り立っていくことができるとしたら，これほどの自動車の普及はなかったはずだ。
　誰もが一度は経験することであろうが，恋人と電話で話しているとやっぱり逢いに行きたくなる。逢うために駅やバス停まで駆けていくのが日本で，アメリカの場合はこれがクルマだった，ということである。
　「アメリカの自動車の普及は恋人達によってなされた」と言っても，あながち的外れではないだろう。いずれにしても，人間どうしのコミュニケーションに役立つ「場」をつくり出すことが，自動車が普及したひとつの要因であったというのは間違いない。
　モノのつくり手である企業と，受け手である社会や人々とのコミュニケーションにも，この「場」は不可欠である。製品を方向付けることに加えて，デザインのいまひとつの役割は，この「共通の場」を演出することである，と著者は考える。
　デザインが「物」だけに関わっていた時代はすでに終わり，これからは「物」を越えて，「場つくり」を含めた「物事」をつくり出すデザインがますます必要となってくる。そこで，重要となる考え方が，前章で示した「形は心なり」というものである。
　人はモノの形を通して，つくり手の心とコミュニケートしている。ドアの取手は，「ここを握れ」と人に語りかけるし，自動車は「乗って走れ」と語りか

ける。また，人がモノに愛着を覚えたり嫌悪を感じたりするのは，人間の側からのモノへの語りかけである。

作者の心がこもっていないモノが，人や社会との間に共通の「場」をつくり出すことは決してない。「場」をつくり出さないモノと人とは決してコミュニケートできない。それこそ，「場違い」，「似合わない」ということである。

II　マーケット・イン，プロダクト・アウト

1．そのコンセプト

「マーケット・イン」「プロダクト・アウト」という言葉がある。これは，簡単に言うなら，製品とその価値が，市場から取り入れたものか，メーカーや企業から発したものか，ということである。

言うまでもないことだが，自動車メーカーがいくら素晴らしいと思えるクルマをつくっても，それを買って使ってもらえなければ意味はない。

メーカーのつくる製品には，「モノ」の理想や，社会に対しての願望が込められている。メーカーにとって，社会との対話，お客さんとの対話は商品を通じて行なうしかないのだ。

よって，メーカーの理想や願望を知ってもらうためにも，「人々に受け入れられる良いモノをつくる」という考えは大切である。しかし問題は，この「良さ」とか「価値」とかが，つくり手と受け手の側で必ずしも一致するとは限らないということだ。

ある人（これはデザイナーでも技術者でも作家でも職人でも何でもかまわない。要するに自分の意志で何かモノをつくり出す人）がモノをつくったとする。彼は，日夜考え抜き仕事に打ち込み，できあがったモノは自分でほれぼれするような仕上がりだった。

ところが世間の人々は彼のつくったモノに見向きもしない。それどころか面と向かって「ひどいもんだ」と，けなす人さえいる。しかし彼は「これこそ最

高のモノだ」と心底思い続けている。

　また別のある人も，モノをつくろうとした。彼の腕前はとても良く，どんなものでも大変上手につくることができる。しかし，彼はいったい何をつくってよいのかさっぱりわからない。

　そこで，何をつくろうかと人々に聞くことにした。が会う人ごとにその答えが違う。あれこれ聞き回っているうちに，ますます何をつくってよいかわからなくなってしまった。

　この2つのたとえ話は極端な例だが，これらに似たことは実際の「ものつくり」の場ではよくあること。どちらの場合も人の心を打つ良いモノをつくり出すことはできない。

　企業のつくる製品は芸術作品ではない。世の中に受け入れられ実際の生活に役立つことが目的である。

　最初の例は「プロダクト・アウト」の極端な例であり，社会というものを全く考えていないもの。後の例は「マーケット・イン」の極端な例であり，自分の意志や哲学が欠如しており，世間に媚びるだけのこと。

　メーカーが日頃行なっているデザインやマーケティングという仕事は，この「マーケット・イン」と「プロダクト・アウト」とをいかにうまくバランスさせるか，ということに尽きるのだ。

2．クルマつくりの場合

　自動車の歴史は，1889年に，ドイツのダイムラーという人が，ガソリンエンジンを使った世界初の4輪自動車を完成させたことに始まる。実際はこれ以前に，ガソリンエンジンを使った3輪車（1886年にベンツが製作）がつくられているが，一般にはダイムラーの自動車が世界初とされる。

　その頃は産業革命の結果が世界的に行き渡り，社会全体がさらなる工業化を進めようとしていた時代であり，そのための手段として自動車が有用であると考えられたのは当然だった。

　しかし自動車の発明というのは，工業生産や経済の効率化という社会的要請

第2章　商品（クルマ）つくりとデザイン

によるものだけではない，と著者は考えている。大昔から人間は，速く走りたい，海を渡りたい，空を飛びたいといった夢を持ち続けてきた。その一つを実現したのが自動車であったのだ。

　アメリカで，ヘンリー・フォードが第一号車を完成するのが1896年のこと。この後，自動車はヨーロッパとアメリカでそれぞれに発展し普及していくのだが，ヨーロッパとアメリカではその様相が全く違っていた。

　それは誕生したばかりの自動車に対する捉え方の違いによるものだった。国情や文化の違いが影響していると思われるが，ヨーロッパの自動車は主に，金持ちや貴族の遊びや冒険のためのものとして発達を始めた。

　これに対してアメリカでは，自動車は一般大衆の実用的な足として，なくてはならないものとして発達した。現代において感じられる，ヨーロッパ車とアメリカ車との明らかな違いは，このような出発点の差によるものと考えられよう。

　今でも自動車は遊びや冒険の道具だ，スポーツカーやＲＶがそうだ，と言う人もいるかもしれない。しかし当時と現在とでは「遊び」のスケールが違うのだ。今のクルマは本当にごく少しの例外を除いて，数の差こそあれ，どんな高級車であっても量産車である。

　なにしろ当時の自動車メーカーは，一人あるいは数人のユーザーのためだけにクルマをつくっていた。それで経営が成り立っていたのだから，今とは全く事情が異なっている。

　「お客さん」の注文を聞き，自分たちの技術の範囲内でクルマをつくればよかったのだから，「マーケット・イン」「プロダクト・アウト」といった考え方が生まれるわけがなかった。

　ヨーロッパで大衆車が誕生するのはもっと後になってのことであり，第2次大戦後にドイツでフォルクスワーゲンが完成された時だった。

　アメリカでは，1908年にフォード社が「T型フォード」を発売する。フォードは，自分のつくった自動車に絶対の自信を持ち，このクルマの普及がアメリカの発展に役立つ，という強固な信念を持っていた。

そして，ここからがヘンリー・フォードの秀でたところなのであるが，普及のために大量に安価に生産するには，どうしたらよいかを考えついたのである。「流れ作業による大量生産」がそれだった。
　それまでのつくり方は，製品を固定しておき，そこまで人間が行って部品を組み付けていく方式であった。フォードが考えたのは，ベルトコンベアーに製品を乗せて動かす方法であり，この方法だと人間は動き回らずにすみ，組立の時間が大幅に短縮できる。
　フォード社がこの方法を採用する以前，1台の組立時間は14時間余りだったものが，採用後はなんと1時間半に短縮された。当時のクルマの構造が単純であったことを別にしても，これは大変な進歩と言える。
　この生産方式は自動車の製造に限らず，現在ではどんな工場でも行なわれているごく一般的な方式だが，これを実際に取り入れたのはフォードが最初であった。彼は「自動車王」と言われているが，同時にマスプロダクションの方式を完成させた点でも，偉大な人であったのだ。
　これによって「T型フォード」の価格は年々劇的に下がっていった。価格が下がればますます売れ，売れればまた価格が下がるといった循環で「T型フォード」は売れ続け，フォード社はアメリカ最大の自動車メーカーの座についた。そして1923年には年間の生産台数は205万台にも達したのだった。
　しかし，ヘンリー・フォードの強固な信念に基づく成功は，同時に後の衰退の原因ともなった。この時のフォードの考え方は「プロダクト・アウト」そのものと言える。メーカーがフォード1社だけであれば問題はないが，フォード社の成功をライバルメーカーが黙って見ているわけがなかった。
　彼らは，「T型フォード」の弱点は何か，ユーザーの好むクルマはどのようなものかを懸命に研究した。「マーケット・イン」である。
　これによってライバルのゼネラル・モーターズは，1927年から新型の「シボレー」の成功によって，「T型フォード」のシェアを奪い同時にアメリカ最大の自動車メーカーに発展していく。
　これもまた逆の意味でヘンリー・フォードの特殊なところであるが，会社が

つくればつくるほど損をするといった状態になっても，彼は「T型フォード」は絶対であるという信念に固執し，側近の助言を聞かずにその仕様を変えようとはしなかった。

フォード社が，しかたなく新型車を発売した時にはすでに遅く，シェアの回復はおろか，トップの座をも明け渡したまま今に至っている。

3．バランスを取り，ユーザーの心を捉える

ここまではアメリカの話だが，ホンダも多少似かよった経験をしてきた会社である。第5章でも触れることになるが，「プレリュード」の例がある。「初代プレリュード」は「初代シビック」と同様に，ホンダの「プロダクト・アウト」的産物であった。

当時ホンダは，「シビック」と「アコード」の2種類のモデルを持っていた。これらとは違うもっと別な味のスポーティな車が欲しい，という気持ちが技術者やデザイナーの間にあった。新しいデザインや技術の方向を求めたいという，ホンダの願望の表れでもあった。

このクルマにも，それまでの日本のクルマにはなかったいろいろなアイデアとデザインが盛り込まれ，なかでも電動のガラスサンルーフは，国産車では初めての装備である。開発した者たち自身はとても面白いクルマだと思っていたのだが，あまりパッした評判を得ることはできなかった。

アメリカでは「良くも悪くも日本車の典型だ」と言われ，ヨーロッパでは「アメリカ的なクルマ」と評された。また日本のある自動車評論家には「川越ベンツ」と冷かされる。さすがにこれには参ってしまい，なぜそういうふうに言われるのだろう，と随分考えた。

「栗（9里）よりうまい13里」という言葉がある。日本橋から川越まで13里，今風に言うなら約50km，川越は芋の名産地で栗よりうまいという洒落がある。つまり「川越ベンツ」というのは「芋ベンツ」ということだったのだ。

まことにうまいことを言うものであると感心させられたが，とにかく，さんざんな結果であった。不振の原因は言うまでもなく「プロダクト・アウト」が，

デザイナーや技術者のひとりよがりになってしまったことにある。

「2代目プレリュード」の開発は，初代の問題点を徹底的に洗い出し改善するとともに，このジャンルのクルマに，ユーザーが期待することすべてを盛り込むように考えた。

同時に，ホンダもこのクルマにとって必要なのは何か，メーカーとして何を盛り込みたいのかを真剣に考えた。このクルマは「マーケット・イン」と「プロダクト・アウト」のバランスがうまくとれた好事例である。

製造業界の人間，特に技術者やデザイナーには物の寸法をすべて「ミリ(mm)」で考えるという習性がある。たとえば，物の長さを言う時に，4メートル50センチとか5メートルとか言うのが世間では普通だ。

ところが彼らには，これを4,500ミリとか5,000ミリとか，自動的にミリ単位に換算する癖がついている。どんなに長い寸法を言う時も同じである。納得できるクルマをつくるために，デザイナーとエンジニアは1ミリや0.5ミリの取り合いをする。

ごく短い長さなのだが，自動車の開発にとって，1ミリという寸法はとても大きな意味を持っている。「2代目プレリュード」の場合は，特にこの取り合いが熾烈だった。

多くの人の憧れであるスポーツカーのスタイルの特徴は，視界の確保と空気抵抗を減らすための低いシルエットにある。そして理想的な走りの実現のため，エンジンは車体の中心（普通のセダンの後席部分）に置かれる。

そのために室内のスペースは減ってしまうし，エアコンなどの装備もいろいろ制約されることになる。走ることを一番の目的にする「スポーツカー」の場合はこれで良いのだが，「プレリュード」は「スポーティカー」ではあっても，決して「スポーツカー」ではない。

最低4人分の席は必要だし，効きの良いエアコンもつけなければならない。むやみにボンネット（エンジンの入っている部分）を低くするとエンジンが飛び出してしまう。

しかし，幅広く低く安定したシルエットを実現するために，この時のデザイ

第2章　商品（クルマ）つくりとデザイン

ナーはボンネットの高さを，それ以前のものより100ミリも下げようとしたのだった。

これに対して，エンジニアは「ボンネットの高さは，エンジンを含めて，最適な位置を計算して決めてあり，外観だけのために変えることはできないし，エアコンやサスペンションといった装置が入らない」と言う。どちらにもそれなりの理由や事情があるから，簡単には自分たちの主張を引っ込めない。

しかし，主張してばかりではいつまでたってもクルマはできあがらないので，どちらかが妥協するか，別のやり方を考えるかしか解決の方法はない。

結果として，「2代目プレリュード」は，全く新しいやり方で100ミリボンネットを下げることができた。新型気化器や小型のエアコンを開発，新サスペンションの採用，といった困難を克服できたのは，開発の「方向付け」が明確であったことが成功の要因と感じる。

その後の，ホンダ車の基本となった「低ボンネットスタイル」はこのようにして完成されたものだった。

この「2代目プレリュード」は，日本，アメリカ，ヨーロッパにおけるすべての「お客さん」の間で，自分たちの求めていたクルマはこれだ，と言われるほどの好評さであった。特に日本では若い女性に人気があり，多くの若い男性が買い求め，「プレを買って彼女をつくろう！」などと言われたものである。

アメリカでは若い女性に人気で，「プレリュードを買うとクルマにうるさい恋人に誉められる」と言われ，ヨーロッパでは若者のクルマというよりは，車高が低い割には乗り込みやすく，視界が良くて運転しやすかったので金持ち夫婦のセカンドカーとして受け入れられた。

これは，日本，アメリカ，ヨーロッパのそれぞれで，違ったユーザーの心を捉えた興味深い例であろう。「マーケット・イン」と「プロダクト・アウト」のバランスをとる鍵は，世の中の動きや人の心をいかに感度良く知り抜くことができるかどうかなのである。

Ⅲ　クルマつくりの未来

1．グローバルとローカル

　ホンダは90年代初頭において，世界の約130ヶ国に製品を輸出していた。そして，それぞれの輸出相手国ごとに，仕様や装備を変えている。これまでは「方向付け（コンセプト）」は同一だった。これによって決定されたエンジンや車体といったクルマの基本的骨格も変わらない。

　なぜなら，基本的コンセプトまで変えてしまうとそれは全く別のクルマになってしまい，開発，生産などすべての点でメーカーにとって大きな負担になるからだ。

　しかし，もし世界各地で同じようなユーザーに支持されたいのであれば，文化の違いや地域ごとの人の好みによって，「方向付け」を変えていくことが必要になってくる。

　そこで，ホンダは多少の負担が増えるとしても，今後各地域ごとに最も適合する，それぞれ違ったクルマを提供することにした。その最も端的な例が，現在のアコードクラスのファミリーカーであり，日，米，欧で全く違ったベストファミリーカーをつくったことである。

　1982年からホンダはアメリカのオハイオ工場で乗用車の現地生産を行なっている。それ以前から様々な国で，合弁，提携，ＫＤ（Knock Down：現地組立方式）といった形で海外生産を行なってきているし，同様のことは他のメーカーも行なっている。

　しかし，乗用車の生産に必要な材料や部品まで含めてアメリカで生産するのは，日本のメーカーとして初めてのことだった。また，アメリカ，ヨーロッパ，東南アジアにそれぞれ研究開発の拠点を設けているが，この点でも日本のメーカーとしては最も早いほうに属する。

　近年，海外の自動車メーカーが日本に研究開発や販売の拠点を設けるようになってきている。今後このように，世界各地の自動車メーカーはヨーロッパ，

第2章　商品（クルマ）つくりとデザイン

アメリカ，日本といった各々の地域内でのローカルな活動をするのではなく，もっとグローバルな活動を行なうようになるだろう。

　ホンダはずっと以前から「グローバライジングとはローカライジングである」と主張し，それを実践してきている。経営学用語で言うと「グローカル経営（ローカルに考え，グローバルに行動するマネジメント）」にあたるものであろう。

　「グローバル」ということは，世界的規模での活動といった意味のことだが，それは決して世界の一元化ということを意味するのではない。

　世界各地にはそれぞれに実に様々な文化がある。そしてその背景には，それぞれに様々な人々の生活の歴史がある。人間の本能的欲求といった普遍的部分は共通だが，だからといって，各地の生活や文化のスタイルをまとめて一つにしてしまうことなどできない。

　それらのすべてに適合しようとするクルマは，どこかに無理を含んでいる。あるいは，逆に人が無理してクルマに合わせているかのどちらかである。いずれの場合であっても，人とモノとの関係が良好であるとは言えない。

　日本の自動車は世界中の人々に受け入れられ役立ってきた。それは，モノとして要求される基本的機能を十分に満たしていたからに相違ない。それに加えて，日本車の価格の安さ，堅牢さ，品質の良さなどが喜ばれた。

　しかし，これが世界各地の人と「日本車」との関係の良さを示していると言えるのかどうか。ことによると，「安くて丈夫で高品質だから，多少のことには目をつぶろう」と人々に思わせてきたのではなかろうか。

　「安くて丈夫で高品質」を実現するのには，大変なエネルギーと努力を必要とするが，「良いモノ」にとってこれは当たり前のことに過ぎない。それよりも，この「多少のこと」とは，おそらく文化に関わる，とても重大な事柄であろう。

　クルマつくりの「方向付け」は，それを必要とする人々の暮らしや文化を抜きに考えることはできない。世界各地の人々とクルマとの関係を本当に良いものにしようとするなら，それぞれの文化を大切にするのはとても重要なことである。

　この観点で，日本の自動車メーカーが今までやってきたように，アメリカの

メーカーによる日本専用車とか，中国のメーカーによるドイツ専用車とかがあっても良いだろう。それもその土地で開発し生産し販売するという形が理想的である。

いろいろな人間どうしの間に生まれる「場」がそれぞれ異なるように，世界各地で，人とクルマとの間に生まれる「場」もそれぞれ異なるはずなのだ。ホンダが「グローバライジングとはローカライジングである」と主張し，それを率先して行なっているのはこういう考えに基づいているからである。

2．デザインの文化つくり

本章の最後に，新しい文化について触れてみたい。産業革命以来の近代文明というのは物質文明である。この文明というのは，世界を人とその他のモノとに分けてきた。

人やその日々の暮らしというような，曖昧で捉えどころのないものは，切り離して考えたほうが科学技術の発達に都合が良かった。そのようにして科学技術は人にとって多くの有用なモノをつくり出してきた。

科学技術には，人の幸福を無条件に増大させるという前提があり，このため，そのモノ自身を，人間生活や社会の理想の姿と切り離して考えても問題は起こらないという暗黙の了解が，技術者や一般の人々の間にあったのかもしれない。

その結果として環境汚染をはじめとする社会の様々なゆがみが生まれてしまった。とりわけ大気汚染の問題は，汚染物質の量が莫大なこと，汚染地域が限定されないこと，また地球温暖化の要因でもあることから特に深刻に受け止められている。

こうした環境汚染の問題を契機として，科学技術それ自体，人にとって全くの善ではなく，両刃の剣であることが明らかになった。確かに科学技術は人を奴隷労働から解放し，豊かな生活を可能にした。

しかし将来，物質的のみならず精神的にも豊かな，より人間的な生活を求めるなら，我々が最近深く考えなくなってしまった科学技術の在り方，人の生き方そのものを改めて問い直さなければならない時期にきていると感じる。

第2章　商品（クルマ）つくりとデザイン

　科学技術は，人が生きるための様々な面を持つ一つの手段に過ぎない。小さいものでは包丁から，大きなものでは原子力発電所まで，便利さの陰には相応の危険が隠されている。

　その潜在的な危険から身を守る方法は，人間自身の科学技術のコントロール以外にはない。そしてこの地球環境汚染の問題は，科学技術の問題だけではなく，政治や経済の問題をも内包しており，この点での国際協力が不可欠である。

　大気中への汚染物質の排出は，多くが直接の工業生産に伴うものだが，自動車が排出するものも決して少なくない。自動車排気のクリーン化には，これまでの自動車技術の範囲を超えた多くの新分野の研究が必要となる。

　これは，科学技術がこれまで経験したことのない困難さを意味している。今世紀の我々の社会は，これらの問題を克服しなければ，よりいっそうの発展は望むことはできない。

　これまでのような形態の科学技術の時代は終わりつつある，と著者は思っている。

　次の時代は，現在のような姿の先端技術が文明をリードしていく時代ではなくなっているだろう。

　今後の科学技術は，人間と分離しない新しい一体化のコンセプトによるものでなければならない。これが世界の新しい繁栄の基盤となり，社会の転換をスムーズに行なわせる原動力となるはずだ。この結果として，将来の自動車の構造や形態は現在のものと異なることになるであろう。

　こうした状況下において，モノと人が一体となって共通の「場」を生み出し，良好な関係を保つようなクルマの「方向付け」にこそ，デザインは非常に重要な意味を持つことになる。これこそが，本章の冒頭で述べた「方向付け」にデザインが重要な役割を果たす，という著者の持論の根拠にもなろうかと思う。

　また現代は，産業革命以来の工業化社会が，情報化社会へ転換していくという大きな歴史の転換期にある。情報化社会とは，世の中に溢れる有益な多くの情報を取り入れ分析加工し，新たな価値ある情報を生産することを主な目的とする社会である。

これを，製造業にとっての視点で考えるなら，単に有用なモノを造る社会から，理想の世界の在るべき姿までをも含めた，「物事」をつくる社会に向けて変化していくことを意味する。

　この変化は自動車についても例外ではない。自動車は誕生してから現在までのほぼ百年間，工業社会と共に発達してきた。そしてこの発達は，人や物を効率良くかつ低コストで輸送するための物理的な完成度を高めることであった。

　しかし，今後はともすると忘れられがちであった自動車の持つ別な一面に目を向けなければならない。人間は元来動きまわる生き物である。移動することによって，人は未知の人々や物事に出会うことができる。未知に出会い，それを知ることは，新たな創造につながる。

　クルマで移動することによって，人間は未知の人々や物事に出会うことができる。新たな発見をすることができる。クルマによる無数のパーソナルな動きは，社会の隅々までをカバーする。そして，この無数の動きは必ず何らかの実体験に結びつくのだ。

　確かに現代においては，多くの情報が居ながらにして手に入る。わざわざ外に出なくても，電話やテレビ，ラジオといった様々なメディアが多くの未知のことを教えてくれる。

　しかし，実体験と疑似体験とは異なる。同一の内容の情報を得ても，それが自ら体験し発見したものと，他から知らされたものとの間には大きな差がある。「百聞は一見にしかず」と言われているように，庶民の旅行が困難であった江戸時代でさえ，人々は競って「お伊勢参り」に出かけたものだ。

　未知の土地での見聞が新たな感動を生み，「旅は道連れ，世は情け」というふうに，当時の人々の心を大きく豊かにし，知らず知らずのうちに江戸の文化に何らかの影響を与えたに違いない。

　文化は人が自らの夢を追い求めることによって生み出されてきた。人は夢を実現し，新たな発見をするたびに何かを生み出してきた。将来もこれは繰り返されていくだろう。

　自ら何ごとかを求める心は，常に創造的である。自動車の持つ自由な移動の

可能性を拡大するという機能は普遍的であり，人はこれを捨て去ることはあるまい。

　文化の創造というものは極めて自律的なものであり，この点で，人が自動車に托した自らの出会いを求める心は，現代の文化を発展させる原動力の一つになったと著者は考える。

　人の知恵は，自動車をはじめとする科学技術と，自然との共存を可能にし，必ず地球の住み良い環境を取り戻すに相違ないと確信している。

　夢を実現する新たな技術，発見から生まれる新たな文化，すべては人の生活を豊かに幸せにするものでなければならない。これらをうまく結びつけ調和させるのがデザインであり，企業には，それを首尾良く行なうためのデザイン・マネジメントが求められる。

　今まで，技術的側面でのみで捉えがちであった自動車を，文化的側面で見直すという役割は，デザインが担うべきである。そして新世紀における新しい自動車文化を創造しなければならない。

　そのためにも，デザインの役割はますます重要になっていくだろうし，企業にとっては，デザイン・マネジメントの進化が決定的な鍵を握ることになるだろう。

おわりに

　戦後日本の自動車文化つくりに大きく貢献した本田宗一郎は，いくつになっても若さを失わなかった人だった。この若さとは，もちろん心の若さのことであり，その源は第1章で述べたような，好奇心「？」と感動「！」である。

　夢や希望，好奇心や感動する心といったものは，この世に生まれたあらゆる人の心の中にもともと備わっているものであろう。これらを失った人間が「年寄り」であって，実際の年齢とは全く無関係である。

　どんなに年齢の若い人でも年寄りじみた考えの人もいれば，本田宗一郎のようにいくつになっても，気持ちの若い人もいる。「これを実現したい」「これは

何だろう」「なぜだろう」「なんとステキだ」――。何かをこのように感じられる人生は素晴らしいものになるはず。

　人生に対する夢や好奇心，それを実現するための情熱，そして成し遂げた時に素直に感動できる若い気持ち。そういったものは人が成長していくうえで欠かせないものである。さらに言うと，志を同じとする者たちが集まった企業が，成長し進化していく過程において，極めて重要な役割を担うものである。

　次章から続く4つの章では，著者の経験を，おおよそ10年ごとの時期に区分し，そこにデザイン・マネジメントの4つの段階をあてはめてみることで，この経営手法がホンダという自動車企業においていかに進化を遂げてきたか，という点を考察していきたい。

---

(1) 本章は，早稲田大学商学部での寄付講座（1994年11月18日）に際する原稿「商品（クルマ）づくり―デザインの側面から」をベースにしている。また，この時の講演内容は，早稲田大学商学部・(財)経済広報センター編『自動車産業のグローバル戦略―挑戦から共生へ』中央経済社1995年，第6章（岩倉信弥稿，同タイトル）としてまとめられている。

(2) この「メタモルフォーゼの時代」についての考えは，IDSA 'World Design '96' における講演（1996年9月21日，於・フロリダ州オーランド）に際しての原稿 "Products of Different Cultures-Establishment of New Value by Joint-Creation（「―異なる文化における商品―共創による新たな価値創造―」)" から引用している。

第3章　デザイン・マネジメントの第一段階：
　　　　　デザイナーの育成[1]

はじめに

　本章は，ホンダが4輪事業へと進出を果たした1960年代に焦点を合わせて，ホンダが4輪車開発のために必要となるデザイナーの才能を，実際のクルマつくりを通じて，いかに育て上げていったか，という点について捉えていくことを狙いとする。

　一般に，企業成長の論理では，「支配的な企業（a dominant firm）をつくり上げようという欲望は，企業家の活動力（energies）と野心（ambition）の産物である」[2]とされる。

　これにならえば，人材の活動力や野心は，その企業にとっての大きな生産力となる。多大なエネルギーや野心を持つ人材が企業内にいることが，企業の成長をめざましいものへと導く。

　しかし，こうした人材は多大な活動力を持つがゆえ，たとえ有能であっても，協調性に欠けたり自己顕示欲が強かったりと，極めて「扱い難い（hard to 'hold down'）」存在でもある。このため，組織内での管理方法や，その能力の引き出し方，あるいは能力育成の仕方といったものに配慮しなければならない。

　企業組織内でのデザイナーは，明らかに「扱い難い」タイプの人材である。

　こうしたデザイナーに組織的業務の経験を積ませ，業務プロセスの様々な段階に参画させて，その才能を活用することが，製品の差異化を図る場合に効果的である。

　その方法がいかなるものであるか，さらにはそれによって，いかに「支配的な企業」となることができるか。このような「デザイナーつくり」は，デザイ

ン・マネジメントの領域において検討すべきひとつの大きな論点である。

現在,「フィット」というクルマが市場で圧倒的な支持を受けるホンダにも,こうしたデザイン・マネジメント(ここでは特に「デザイナーの育成を含めた管理」のことを示す)のエッセンスを会社の創成期から見出すことができる。

創業者である本田宗一郎は,「自分の個性を十二分に自覚し,表明できてこそ,初めて立派な仕事ができる」という考えを持っていた。そうした仕事を通じて強い自信がつき,自己のプライドにつながる,と見なしていたのである。

本田宗一郎にとって,ホンダという企業を支えているものは,設備でも資金でもなく,こうした個性とプライドを持つ社員ひとりひとりの「知識水準の高さ」に他ならなかった。

著者は,1964年,ホンダの20番目のデザイナーとして入社し,本田宗一郎から多くの教えを受けてきたひとりである。1960年代は著者にとって,貴重な経験を積んだ時代であり,実際の製品開発から無数の教訓を得,それを自らの知識として体得する期間だった。

デザイナーというものは,とにかく最初は「手」を使い,そこから次第に「頭」を,次いで「こころ」を,最後にはこれらすべてを使うようになることを学んでいく。

著者の1960年代は,ひたすら「手」を動かすことで学んでいった時期にあたる。その「手」は,「叱る名人」とも言われた本田宗一郎の指示によって動き,ホンダのものつくりに携わってきた「手」であった。

写真3-1 英国マン島TTレースで完全優勝(1961)

その頃のホンダは,1961年にマン島TTレース(写真3-1)で完全優勝を遂げ,オートバイで世界を制覇したのである。これに続き1962年には,「S360」という軽4輪スポーツカー

第3章　デザイン・マネジメントの第一段階：デザイナーの育成

や軽4輪トラック「T360」（写真3-2）をつくることで、クルマの生産を始めようとしていた。

また1963年には、「S500」（写真3-3）という小型スポーツカーをつくり、翌年には、このエンジンのスケールアップによる「S600」が、第2回全日本GP自動車レースで1位から6位までを独占するという快挙を達成していた。そして、これを受け、1964年1月にホンダはF-1レース（写真3-4）に出場を宣言したのである。

1964年、つまり著者がホンダに入った年は、ホンダに、「本格的に4輪をつくっていく」という熱い想いと、「4輪のレースで世界に名をとどろかせる」という熱い期待で満ちていた時であった。

写真3-2　ＤＯＨＣのトラック「T360」（1962）

写真3-3　ホンダ初の乗用車「S500」（1963）

写真3-4　メキシコグランプリで初優勝（1965）

ホンダが4輪をつくり出した時期に採用されたデザイナーの活動力と野心は、どのように製品開発のプロセスへと組み込まれていったのであろうか。

この過程を探ることは、本田宗一郎のフィロソフィ（哲学）に触れていくことでもある。本田宗一郎は自らの哲学とは、「人のこころの問題を大切にすることに尽きる」と見なしていた。

つまり本田宗一郎が大事にしてきたことは、「こころとこころを通わせる手立て」であったと思う。それは、相手の心理状態に応じた「ひとことの言葉」や

53

「親切な態度」である。

　このように相手のこころへと呼びかける言葉や態度は，人を動かすために欠かせないものとなる。著者もまた，そうした本田宗一郎からの言葉や態度に触れることで，自らの熱望（アスピレーション）をホンダという企業で叶えていった一人であった，と言えよう。

I 「手」を動かし，「手」から学ぶ

1．「らしさ」と「格好良さ」

　ホンダでの著者の出発点は，2輪や4輪，農機のモデルがところ狭しと並んだ，「造形室」と呼ばれる20×10メートルくらいの小さな部屋であった。そこには，わずか2×4メートルの定盤[3]が一枚，床に据えつけられているだけで，およそ，4輪のクレーモデル[4]をつくる環境とは言い難かった。

　こうした環境のもとで，1964年，床に直接セットされた50ccのスポーツバイク（後の「ベンリイSS50」）のクレーモデルをつくっていた。この時頭上から大きな声で質問が投げかけられたのである。

　「エアークリーナーは，どこについているんだ」，と。

　驚きながら立ち上がると，そこには初対面の本田宗一郎が立っていた。クレーモデルにエアークリーナーの姿がないことに怒っているのである。

　製作中のモデルでは，エアークリーナーはフレームに内蔵されている。それは，できる限り装飾的要素を排して形態を整理し，シンプルでスマートな製品を目指そうとする考え方のデザインであった。

　しかし，エアークリーナーが内蔵されていることは，日常の点検整備に際して不便であるばかりでなく，こうした様々な部品の組み合わせによって生み出される「オートバイらしさ」が表現できないことになる。本田宗一郎にとっては，よく考えられたデザインとは思えなかったようだ。

　本田宗一郎は，「格好良さ」とは「形態の美しさ」という意味ばかりではなく，

第3章　デザイン・マネジメントの第一段階：デザイナーの育成

「人に良く思われ，良く言われる」場合の欠くべからざる要素であると考えていた。つまり，人（お客さん）のこころを動かすには，「格好良さ」がいるということなのである。

良いデザインを追求するということは，「美しさ」を追求することと同じではない。「もの」の「格好良さ」に対して人々が抱く「想い」とシンクロナイズした「想い」をデザイナーも抱き，それを形に表現しなければならないのである。

「ものつくり」に際して，「らしさ」を実現するには，こうしたデザイナーの「想い」がとりわけ重要なものになるのであった。

この想いに基づいて，再検討したすえに完成したモデルは，フレームに力強さと存在感がみなぎるものとなり，「らしさ」が宿っていたのである。この時著者は，学校で習ったような，シンプルやスマートさを追求することだけがデザインではないことを知った。

バイクのデザインはほとんど未経験だった著者が唯一，一台丸ごとデザインしたバイクは，この「SS50」（写真3-5）だけである。このデザインは，ベトナムのホーチミンで，35年経った今でも大衆の足として現役で走っている。

図3-5　「らしさ」と「格好良さ」を持った「ＳＳ50」（1967）

2．「手」による経験の蓄積

著者が初めて4輪の開発に携わったのは，「Ｓ600クーペ」（写真3-6）だった。この線図[5]を描くために，造形室に1.5×3メートルの製図板が運ばれた。

その時,手元の道具といえば,「シナリ定規」[6],「ネズミ」[7],「カーブ定規」だけである。

当時は今のように実物大のモデルからの正確な三次元座標値の測定という行程はなく,したがって線図を描くための数値データは何もなかった。ただ目の前に,太目の針金でできた鳥籠状のモデルがあるだけである。

写真3－6　「手」による経験が蓄積された「S600クーペ」(1964)

そこから居住性や乗降性を導き出し,それらを踏まえたうえで採寸して図面に移さなければならなかった。こうして手探りの状態で描く線図からつくられる木型[8]は,当初意図したデザインとの食いちがいが続出することになる。

そのため,できた木型の形状を修正し,その木型から画張り[9]を取り,これを線図に当てることで,逆に線図を修正する作業を繰り返した。著者は造形室のデザイナーとしてではなく,木型室のための図面屋に徹したのである。

この時の「線図→木型→修正→線図…」といった作業の繰り返しが,その後の著者のデザイン活動に大いに役立つことになった。著者はこのように「手」を動かすことによって,こころの中のイメージを具体化していくという「かたちつくり」の原点に触れたわけだ。

1965年10月,ホンダは「S600」のエンジンをベースにした小型ライトバン「L700」(写真3-7)を発売するが,著者はこの外観デザイングループに加わり,バンパーのデザインと図面化を任され

写真3－7　「手」による経験が活用された「L700」(1965)

第3章　デザイン・マネジメントの第一段階：デザイナーの育成

た。この時にさっそく「S600クーペ」での「手」から学んだ経験が活かされたのである。

このように「手」で学ぶことの重要さを誰よりも示していたのは，本田宗一郎であった。本田宗一郎は，「見たり，聞いたり，試したり」という，物事を覚えるたとえに使う言葉の中で，「試したり」ということを大事にしていた。「なすことによって学ぶ」ことが最も力になると信じていたのである。

その意味で本田宗一郎は，まさに「手の人」，すなわち，頭にひらめいたことを，ただちに手を通してかたちのあるものにし，そのアイデアを実証せずにはいられない人であった。

実際の本田宗一郎の「手」は，右と左とで手のひらの大きさや指のかたちがかなり異なっていたと聞く。右手は仕事をする手，左手はそれを支える受け手だった。そのため左手には傷が絶えることがなく，右手よりもやや短くなっていた。作業中に何度となく指の先などが削り取られたからである[10]。

本田宗一郎は，そうした「手」が，自らが行なってきたことのすべてを知っている（すなわち「手が語る」）ことに，経験というものの強さを感じていた。

頭で考えたようなものができあがるように，「手」を動かすことでそれに近づけていく。その行動が経験として蓄積され，さらにそれが知識としてまとめあげられることが，何よりも貴重な財産となるのだった。

本田宗一郎にとって経験とは，「真理」という名の料理をつくる材料のようなものであった。このたとえは，経験そのものは，ものつくりの材料であり，それだけでは価値を持たないことを示している。

より重要なものは，その経験から「いつ，誰が，どこで考えても納得のできる正しい理論に裏付けられた知識」を学び取ることにあった。経験から導き出された知識によってこそ，正確な判断が行なえるのだった。

こうした知識の豊富さは，アイデアを生み出すもととなる。これは，本田宗一郎の有名な言葉である「われわれの最も必要とするものは，金でもなければ機械でもない。一番必要なものは弾力性のある見方，物の考え方であり，アイデアである」，からも見てとれるだろう[11]。

3．特徴を出す—ボンネットバルジ

　4輪に関して，著者が本田宗一郎から叱りを初めて受けたのは，Sシリーズでのエンジン拡大の最終型となる「S800」(写真3－8，1966年1月発売)のデザインを担当した時であった。

　「S800」では，エンジンの他にも駆動方法やサスペンションも変更となる。また，コストの関係で外板はいじれないという制約が設計からつけられていた。

　そこでやむなく，付き物(艤装部品)だけで変えることにした。特に強力なエンジンが載ることもあり，グリルを新しくすることが効果的だと考えたのである。

写真3－8　ボンネットバルジが特徴の「S800」(1966)

　ただし「S800」は，輸出が主体でつくられるものであったため，アメリカの法規に従う必要があった。

　とりわけ灯火器類への規制は厳しいものであり，これに従っていくと決してスマートなスタイルには収まらず，前も後ろもランプの大きさはかなりのものとなり，さらには前後と後面の両サイドにリフレクター(約40×60ミリ)を指定の高さに取り付けなければならない。

　これではデザインというより単なる法規対応であった。この「S800」の法規対応的なデザインを見て，「何じゃ，これは」と言ったのは，やはり本田宗一郎である。そして，「ボンネットに何か特徴がいるね」とアドバイスしたのであった。

　デザインとは「目で見る交響曲」でなければならない，というのが本田宗一郎の考え方であった[12]。「目で見る交響曲」とはすなわち，それぞれのポジションのひとつひとつを全体のバランスを崩さずにデザイン化していくということである。

第3章　デザイン・マネジメントの第一段階：デザイナーの育成

　ただ，そうしたバランスばかりに気を取られていると，個性のない八方美人のようなデザインに落ち着いてしまう。そこでどこか不調和な部分をつくると，これがまた調和に転化する一つのエレメントになる。

　そうした不調和な部分を大きな魅力や美しさにまで高め，なおかつ実用性を完全に満たしているものが本当のデザインである，と本田宗一郎は捉えていたに相違ない。

　その意味で，「ボンネットに何か特徴がいる」という指摘は，設計からは釘を刺されていたものの，デザイナーとして納得のいくものであった。結果として「S800」には，4連キャブの真上に出っ張りがついた。「ボンネットバルジ」である。これが著者にとって初めてのボディデザインだった。

　また，こうした例からもわかるように，本田宗一郎は本気で叱りつけることで有名で，口より先に手が出ることもしばしばであった。しかし叱りつけたあと本田宗一郎は，決まって，「ああまで言わんでも，俺もバカだな」という自責の念を抱いていたという。

　ミスをおかした当人も，そうしようとして失敗したわけではなく，また，自分が急かしてしまっていることもあると感じるからであった。失敗について本田宗一郎は，「サルも木から落ちる」という言葉になぞり，次のように捉えていた。

　木登りが得意なサルが心のゆるみによって木から落ちてはならない。それは慢心や油断から生じたことであるから許されない。しかしサルが新しい木登り技術を得るために，ある「試み」をして落ちたならば，これは尊い経験として奨励に値する，と。

　つまり，「進歩向上を目指すモーション」が生んだ失敗には寛容だったのである。こうした失敗は，教科書にはない教訓を与えてくれる。そしてその積み重ねが強さとなる。

　特に若い時代の失敗は，「将来の収穫を約束する種」である。試みることで木から落ちたのならば，その原因を追及し，そこから新たな工夫のヒントを探して，次の試みに意欲を燃やせばよい，という考えだった。

これは,「強烈な若いエネルギー」を称えたものであった。本田宗一郎は,若さとは「困難に立ち向かう意欲」であり,また「枠にとらわれずに新しい価値を生む知恵」であるとして,それを尊重していた。

こうした若さへの寛容のこころは,次に会った際に見せる本田宗一郎の「おお,すまなんだ」という言葉とともに見せる笑顔につまっていた。その一言に表される思いは,叱られた者に十分響くものだった。そこには世代を越えた,こころとこころの通い合いがあった。

II 経験を積み,知識を得るデザイナー

1. 革新軽乗用車デザイン

(1) 開発コンセプト

本田宗一郎は,かつて「簡単にギブアップすることを,われわれはしなかった」と言っている。これは,一見は無理なものでも,ああやってダメならばこうやってみる,という「ねばり」の前に可能性が開けてくることを示した言葉だった。

その意味では1967年3月,ホンダにとっては初めてとなる本格的軽乗用車「N360」(写真3-9)が登場したのも,「ねばり」のすえの産物であったと言えるだろう。

それまでの軽乗用車の市場では,富士重工業の「スバル360」(1958年3月発売)[03]が先行していた。この「スバル360」の発売時の価格が42.5万円であったのに対して,「N360」はこれよりはるかに安い31.5万円で発売されたのである。

しかも「N360」は,当時の競合車と比べて,エンジンの馬

写真3-9 ベストセラーになった革新軽乗用車「N360」

第 3 章　デザイン・マネジメントの第一段階：デザイナーの育成

力がはるかに高く，大人 4 人がきちんと乗れ，トランクもかなり使い勝手が良いものに仕上がっていた。そしてデザインにはクルマらしさとスポーティさが兼ね備えられている。

「スバル360」よりも安くて性能の良い「N360」は，マイカーブームの時代に乗り，わずか 3 ヶ月で軽乗用車の月間販売台数で首位に立ち，ピーク時には 1 万台を大きく上回った。

また，発売後 3 年連続で国内販売のトップを守り，44 ヶ月という早さでシリーズ100万台に到達した。ホンダにとって最初のベストセラー・カーとなったのである。

こうした「N360」の開発は，1965年12月，「月に 1 万台売れる『軽（軽乗用車）』をつくる」という本田宗一郎の決意に始まっていた。「やってみもせんで，何をいっとるか」という本田宗一郎のスピリットが，そこに満ちていた[04]。

当時の主要メーカー 4 社（スバル，スズキ，マツダ，ダイハツ）の合計すら 1 万台に届かない状態から見て，これがスケールの大きな構想であったことはすぐにわかる。以下に挙げる「N360」の開発コンセプトから見ても，そのいずれもが当時の軽乗用車の常識を創造的に破壊しようとしていたことがわかる。

・軽乗用車の枠の中で最大の居住空間をとる
　…遠距離を運転しても，狭いなかでも快適なスペースであるクルマ[05]
・軽乗用車ながら高性能なクルマにする
　…運転にゆとりを与えるために，動力系（スピードや動力性能）にゆとりがあるクルマ
・衝突時の安全性を充分考慮する
　…高速道路を走ることから，安全性の高い構造と装備を持つクルマ
・売り値は30万円以下
　…とにかく求めやすい価格のクルマ

⑵ 「苦しみ」と「楽しさ」

「N360」が示すのは，ホンダにとっては，業界での市場シェアの分析や競争力比較といった通常のマーケティング手法ではなく，「良いモノ」をつくり，世の中に出していきたいという欲望を満たすことが重要だったということである。

排気量360cc，サイズ1300（幅）×3000（長）ミリという規定のもと，「N360」の基本レイアウト（エンジンの置き方）は「横置きＦＦ」[06]と決まり，著者は一人の上司と共に，外観デザインの担当となる。

社内では「ＡＮ」と呼ばれたこのモデルをつくる際，造形室に1台しかない定盤には，すでに他のクルマのモデルが乗っていた。

そこで，工面してケヤキで「木の定盤」をつくった。原始的なやり方ではあるが，100×100の角材を使った内枠1300×3000ミリの木枠を，造形室の床に据えることから始めたのである。

著者が発明したこの「木の定盤」は，おおよその形状をつかむことに大きく貢献した[07]。スケッチとは異なり，実際に粘土の塊にしてみることで，実感が伴うものとなった。

さらには，その塊が新たなアイデアを浮かび上がらせるものとなったのである。実際，設計者がこの塊を見ながらボディの構成や構造（車体各部の合わせ目や溶接位置など）を考えていった。

この検討から，「前後のピラーを含む窓部と屋根を一体でつくる」というアイデアが生じた。おそらく，原寸大のクレーモデルという「現物（ぶつ）」を前にしない限り，こうしたアイデアは生まれなかったであろう。

この時期は著者にとって，「毎日が勉強とその実践の連続」だった。まるで「ものつくりの現場の真っ直中」にいる感覚を味わっていたのである。

「ＡＮ」という「ものつくりの現場」では，フロントフェンダーとトランクリッドの樹脂化をはじめ，アンテナやフェエルリッド（ガソリン注入口）など小物部品のデザインに至るまで様々な工夫が行なわれた。

クレーモデルつくりに際して，有機的形状をしたテールランプの輪郭を決め

第 3 章　デザイン・マネジメントの第一段階：デザイナーの育成

るために，太目のアルミの針金を埋め込むといった不器用な「手」を補うための新しい工夫もそうした試みのひとつであった。

　こうして「N360」は，加工上の新しい技術や，知恵が進んで取り入れられていくことで「アイデアの塊（かたまり）」となった。それは，本田宗一郎による次の言葉が大きなプレッシャーを与えていたからである。

　「アイデアを練るのは楽しいねえ，それをモノにするのはもっと楽しいよ。こんな楽しいこと，きみたちはどうしてやらないんだ」[18]，と。

　ここには本田宗一郎のデザイン観が横たわっていた。本田宗一郎は，クルマのデザインとはファッションと同じであり，過去にとらわれずに，いま自分が一番素晴らしいと感じるかたちや線，色をつかみ出すことであると捉えていた。

　つまり，妥協を排すること，自分をいつわらないこと，素直に表現することが新しいデザインにつながる，と見ていたのである[19]。そうしたものつくりの過程の中にこそ「楽しさ」がひそんでいることを知っていた。

　著者は，この「楽しさ」という言葉の意味を，いろいろなつくり方を試みることで感じることとなる。

　ただし，アイデアをモノにする過程には，数え切れないトライ・アンド・エラーが伴うものであった。実際，本田宗一郎も「人並み外れた好奇心と，努力と，反省のサイクルをフル回転させて，へとへとになりながらアイデアを見つけ出している」と述べていた。

　ただ，こうした「苦しみ」は，「尊い蓄積」であった。本田宗一郎と共にあった藤沢武夫は，「苦しみを通じて体得したものこそ，次から次に良い製品を生み出し，会社を世界に躍進させる原動力」であると考えていた。

　つまり，「苦しみ」を堪え抜いてきていることが，「バランス・シートにはあらわれて来ないホンダの財産」だと見なしていたのである。ものをつくり出すプロセスが「苦しみ」であればあるほど，そこを乗り越えたところにある「楽しさ」も，また格別なものであった。

　本田宗一郎は，「栄光の陰に涙あり」，「楽は苦の種，苦は楽の種」という言葉を踏まえて，「神様はうまくしたもので，ぜったいにいいものだけを与えて

63

はくれない」と捉えていたのである。

(3) 現代感覚デザイン

　本田宗一郎は,「N360」の強さを「われわれ独自の発想,アイデア,自分の腕と体でどこにもないものをつくり出した」というところにあるとしていた。それゆえに,外国の製品が入って来ても恐くないと感じていた。つまり本物をつくっているという意識を強く持っていたのである。
　この「N360」は,その後の開発のあり方にも大きな教訓を与えた。ある時,著者はできあがった試作車を見た本田宗一郎から,「すぐ直しなさい」との厳しい叱責を受けた。試作車は造形室にあるクレーモデルと比べて車高が高く,ボディが浮いたように見えて,確かに格好が悪い。
　この「格好悪さ」は,車高設定基準が社内的に統一されていなかったことが原因であった。自動車の車高はバネの伸び具合によって変わるのだが,その伸び具合の基準の取り決めが,造形室と設計室との間で充分に行なわれていなかったのである。
　このことは各室課間の連携のあり方を見直す機会をもたらすことになる。試作車ができあがるまで,車高の問題に気づかなかったのは問題であった。
　教訓となったのは,「自分の仕事の進捗状況は自分の目で確かめる」ということだった。デザイナーにとっては「目が命」である。特にこの一件で,著者はその想いを強くしたのである[20]。
　さらに「N360」からの教訓は,発売後にも及んだ。本田宗一郎が,すでに販売されている「N360」を造形室に運ばせて,その周りをグルリと廻りながらこう言ったのである。
　「きみたちは,街で走っているこのクルマをよく見ているかね。見ているのなら,どうして悪いところを直さないんだい」,と。
　この言葉によって,デザイナーたちは実機を注意深く観察することで,改善点を見出した。前後左右の窓を支えるピラーの部分に4〜5ミリほどの張りをもたせることにより,キャビンに張りが出て,大きく力強く見えるようになる

第3章 デザイン・マネジメントの第一段階：デザイナーの育成

ことを知ったのである。

　この上半身に見合うように，クルマの地面に近い四隅にもマス感をつけるためのふくらみをつけた。「重病人」が「健康体」になるほどの効果がそこに現われていた。

　ただし，そのような変更のためのコストは，実にクルマがもう1台つくれるほどに達していた。このコストと引き換えに，著者は「四隅を疎かにするな」という，クルマづくりの鉄則を学んだのであった。

　以上のような経験から見出せることは，「N360」のコンセプトに横たわる，いまひとつの重要な要件である。それは，本田宗一郎が開発過程や発売後に，デザイナーに求めた「アイデアと洞察力に満ちあふれた，現代感覚のデザイン」というものだった。

2．100マイル／hカーのデザイン

(1) 個性を出す―「鷹の顔」

　1968年10月，ホンダは小型乗用車「H1300」を発表し，翌年にFFレイアウトのセダンタイプを，さらにその翌年にはクーペシリーズを発売した。この「H1300シリーズ」（写真3-10～11）のデザイン作業においても，著者は「手」から多くの教訓を得ていった。

　たとえば，「H1300セダン」のクレーモデルを見た本田宗一郎から，ボディサイドの肩口部分を指さしながら，こう言われたことがある。

写真3-10　時速100マイルカー「H1300セダン77」（1968）

写真3-11　個性的な鷹の顔の「H1300クーペ」（1970）

「ここが凹んでいる。こういうのは，弱く見えてダメなんだ。きみらは，プレスのことを知ってるのか。プレスはな，イタ（鉄板）を引っ張って伸ばして殺すもんだ。この凹みだとイタは死なない，だから弱いんだ。まず，凹んだところを埋めなさい」，と。
　著者は，この時初めて「イタが死ぬ」ということを知った。鉄板には，伸ばしていく段階で変形のなくなるポイントがある。その状態になることを「死ぬ」というのであった。本田宗一郎は，材料とつくり方のうま味を活かし切ることの大切さをほのめかしたのである。
　また，ここで「原理原則を知らずに'かたち'はつくれない」ということを学んだ。それと同時に，単に原理原則を守り切るだけでも，ものつくりは成立しないことを感じていたのである。
　原理原則を知り尽くしたうえで，そこを乗り越えることで，初めて「独創」が生まれてくるからであった。その意味でも著者にとって，「H1300シリーズ」での一連のデザイン作業は，デザイナーとしての技術つくりの基礎固めとなった。
　なかでも，「H1300セダン」の派生タイプである「H1300クーペ」のデザインに際して，フロント周りの特徴を出すことに悩んでいた時に，本田宗一郎から次のように告げられたことは，著者にひと筋の光を与えるものとなった。
　「クルマの顔はな，へらへら笑っているようなのとか，めそめそ泣いているようなのはダメだ。鷹が獲物を狙っているような鋭い目つきのキリッとした顔がいいんだよ」
　この言葉からひらめきを覚えて，野鳥図鑑をもとに，鋭い目やくちばしを持った「鷹の顔」を何枚も模写した。そうして「手」で学んでいくうちに，鋭い目には，丸目が良いという発想にたどり着く。
　さらに，精悍さを出すために，フロントエンドをより低く下げることにした。当時のヘッドランプの高さ規制では，フロントエンドを下げるには，直径の小さい丸ランプを2つ並べる以外，手立てはなかった。これが，当時このクラスでは珍しい「4つ目」の採用に踏み切ることにつながったのである。

第3章　デザイン・マネジメントの第一段階：デザイナーの育成

また製作部門から，「こんな深絞りは無理だ」といわれていたフロントマスクも，「やってみよう」ということになった。

こうしてできあがったデザインを見て，本田宗一郎は「よお，鷹の顔ができたじゃないか」と笑顔を浮かべた。この笑みから著者は思い立ち，「鷹の顔」というフレーズを開発スタッフに強く押し広げていった。

「鷹の顔」というイメージを共有することで，ものつくりへの想いをひとつにしていったのである。「大きさ」や「深さ」という寸法の情報だけのやり取りではなく，デザインの力を用いることによって開発スタッフをまとめていける。このことを著者は，この時学び，確かな手応えを感じていたのである。

(2) 性能主義の成果と教訓

「クーペ」のルーフモールに「モヒカン方式（大型サイドパネルアウター構造）」が採用されたことも，著者にとっては大きな経験となった。これは，難航していたルーフモールの端末処理を見事にモノにして，クリアした方式だったからである。

「モヒカン方式」とは，ルーフの両サイドに，スポット溶接をする溝を2本，前から後ろまで通して，その部分を引き抜き成形の黒いゴムモールを埋め込んで隠すものである。

この方式は，それまでのクルマつくりでの部品結合の際に行なっていた，ハンダ盛り作業[21]で発生するガスが人体にとって有害だったため，またこの作業は大変な熟練が要るというところから，その代替策として登場したものであった。

そうした「モヒカン方式」のモールは，奇しくもこの頃発表された「新型ベンツ」のルーフにも飾りとして使われていた。このことは，「モヒカン方式」をホンダ社内に説得させる際の何よりの追い風となった。本田宗一郎からも「ベンツに負けない立派な飾りモールに」という檄が飛んだ。

結果として「モヒカン方式」という新しい結合位置は，新たなボディ構造（一体成形としたサイドパネル方式）と新たな溶接方法（ジーダボ方式＝マルチ溶接

67

GW-M/C)を生み出し，商品には軽量化と高剛性というメリットをもたらした。

　この時，ホンダは4輪自動車メーカーとして，ボディの強度の面でも生産性の面でも，従来の方式よりもレベルアップを遂げたのである。

　ホンダがこうした「シリーズ」を開発していた当時は，アメリカにおいて時速100マイル（160㎞）の時代に入った頃である。日本でも名神や東名高速道路が開通し，各地でも高速道路の建設が進められていた。クルマの時代を迎えようとしていたのである。

　ホンダにとって，このような高速の時代に4輪をつくることは，「自動車メーカーHONDA」としての地位を確立する絶好の機会であった。速さを達成するための拠り所のひとつが，排気量の大きさ（1300cc）だったのである。

　デザイナーにとっては，排気量のアップに伴って，そのパワーに見合うスタイルやサイズを表現する必要があった。この「シリーズ」では，空力性能を考え，全長が増す一方で全幅はほとんど増えないという大きな制約はあったが，前後部には特徴のある立体的なデザインが施された。

　しかし著者は，この「シリーズ」を振り返り，デザイナーとしての心残りを次のように捉える。

　ひとつは，あまりにも細長いクルマになってしまったこと。またひとつは，セダンのほうは四角過ぎるクルマになってしまったこと。さらには，「N360」のユーザーがステップアップできるクルマとしては，あまりにもかけ離れたものになってしまった，ということである。

　こうした苦い教訓は刻まれたが，この「シリーズ」は，その後のホンダにおける商品開発の進め方に大きな変化を与えた。この時期は，機種の増大や組織の拡大という理由から，本田宗一郎によって行なわれてきたマネジメントを分権化する必要も生じていた。

　そこで，経営の分権化とともに，この「シリーズ」で生じた，度重なる設変（設計変更）といった非効率さを改善するために，4輪開発のシステム化が促がされたのである。それは，次のような内容を持つ改革であった。

第3章　デザイン・マネジメントの第一段階：デザイナーの育成

- ・異質併行開発
  - …並行異質自由競争主義による開発（併行異種競合）
- ・D開発と未知技術を含んだR研究の区分
  - …Known，Unknown Factorを区分しての量産開発
- ・チームによる推進体制[22]
  - …室単位の機種開発ではなく，知恵を出し合うチームワークによる機種開発および商品のベストバランスを見極めることのできるチームリーダーの設定
- ・開発スタート時からの「売る，つくる」部門の参画による要望の反映
- ・「はじめに要件ありき」での目的・目標の設定
- ・開発ステップごとのSED（Sales，Engineer，Development）評価

3．プラットホーム共用デザイン―元祖ＲＶ車

1969年，スズキは「ジムニー」というジープタイプの軽乗用車を発表した。このことを受けて，著者たちは研究所の所長からこう告げられた。

「TN360（写真3-12）[23]をベースにして，これに対抗できるクルマの絵を描いてくれ。大至急だ」

ジープレイアウトの「ジムニー」に張り合うには，かなりの特徴を出す必要があった。そこで著者は仲間と2人で，自社の強みである「アンダーフロア・ミッドシップエンジン」を軸にしたデザインを考えた。

写真3-12　バモス・ホンダのベースとなった「ＴN360」(1967)

この時には，「手」を動かすだけではなく，トップ層がこのクルマに期待す

る「スズキに対するインパクト」に応えるために,「手」に先がけて「頭」を動かした。

　この結果,「ジムニー」の主な用途が「山」である向こうを張り,「海」を意識した「ビーチカーコンセプト」を立てたのである。

　この時点で,ビーチ向けのクルマは日本では初めての試みであった[24]。

　「海」に向けてデザインしたのは,フルオープンの4座でリアシート折り畳みの荷台スペースつきのものだった。

これに車体設計者から安全面や天候面での問題点が指摘され,ドア部に閂(かんぬき)のような棒がつき,幌も追加された。このクルマは,(今風に言うと)軽のＲＶ「バモスホンダ」として世に出て

写真3－13　元祖ＲＶ車「VAMOS HONDA」(1970)

行った(写真3-13, 1970年11月発売)。「バモス」とは,スペイン語で「みんなで行こう」という促しの意味を持つ言葉である。

　こうした軽トラックベースのレジャーカー「バモスホンダ」を手がけている途中に,著者には「N360」のモデルチェンジ作業にも関わる機会が訪れた。すでに進行中の案が行き詰まりを見せていたのである。

　所長からは「1週間でクレーモデルをつくりたい。完全なものに仕上げなくても,かたちが見えるところまでで良いのだが」という指示を受けた。そこで著者は目標を,仕上がりレベルを「荒削り」の段階までにすること,進行中のモデルとは違ったデザインにすること,の2つに置いた。

　目標に沿って,まず「仕上がりレベル」については,5日分のフローチャート(推進計画)をつくり,そこに収まらないような足の長い作業は行なわないこ

第3章　デザイン・マネジメントの第一段階：デザイナーの育成

とにする。

　この5日間計画のうち，最初の2日でスケッチを終わらせた。スケッチには，次の目標である「違ったデザイン」を目指して，「丸くて優しい」という進行中のモデルのデザインに対し，「四角くて力強い」デザインを施した。

　そして，3日目には荒付けをほぼ終了させ，これに続いて，前後バンパーの端末処理やテールランプの視認性など，「N360」の開発時に気になっていたところを直していったのである。

　こうして計画どおり，5日間で目標は達成された。濃密なスケジュールの中で生まれた「5日モデル」には，それまで「手」から学んできたことから得た経験則が豊富に詰まっていた。つまり，その時点で自らの中に持ち合わせている知恵を，かたちとして示したのである。

　「5日モデル」におけるデザインの様々なトライアルは，進行中のモデルに加えられることになり，最終モデルにそのまま活かされることになった。このような別案との組み合わせは，後の「異質併行デザイン方式」につながるものとなる。

　その「異質併行デザイン方式」の原点となる今回の最終モデルには，優しさと強さが兼ね備えられ，「新しい軽の発見」というコンセプトがつけられていた。4ドア軽乗用車「ライフ」（写真3－14）の誕生であった。

写真3－14　4ドア軽乗用車「LIFE」(1971)

　この後，著者は，この「ライフ」をベースとした軽ライトバン「ライフ・ステップバン」（写真3-15）のデザイン作業にも携わることになる。このクルマは，「ライフ」と共通のプラットフォーム（エンジン，前後サスペンションとフロア）で開発され，新規投資が極力抑えられていた[25]。

「ステップバン」とは，アメリカではクルマのカテゴリー名称だった。通常は，商用として用いるため，乗り降りしやすい低い床や，大きな荷物の積める高い屋根を持つ大きなクルマであった。

このコンセプトを持つものを軽自動車のサイズでつくることが目標とされたのである。

写真3-15 「LIFE」がベースの「STEPVAN」(1970)

こうして「ライフ・ステップバン」は，「ライフ」の派生機種として，その80%を活用しながらも，コンセプトとデザインが全く異なる「この上ない欲張りクルマ」として誕生した。

というのも当時，ホンダは軽自動車と大衆車をつなぐ「小さいクルマ」を新しい都市交通との関わり合いの中で研究していた。そうした市場からのバンニーズを背景に，キュービックなスタイルを持つ新しい軽多用途車として，「ライフ・ステップバン」を登場させたのである。

本田宗一郎は，このクルマのはっきりしたコンセプトを評価し，こう言った。「個性がはっきりしている。これなら往きは荷物を運び，帰りはお客さんどうぞと言える」，と。このコメントから，「ライフ・ステップバン」がいかにデザインによる特徴付けが功を奏していたかをうかがえる。すなわち，その極端なボクシースタイルが軽自動車としてかなり大きく見えることをもたらし，またその明快なコンセプトが見る人に個性的に映ったのである。

こうして「ライフ・ステップバン」のデザイン（ほとんど四角く平らな面で構成された，張りのあるしっかりしたかたち）は，特に進んだ若者たちのこころを打った。

第3章　デザイン・マネジメントの第一段階：デザイナーの育成

おわりに

　著者にとって，以上のような商品開発に関わることで経験を積んだ1960年代は，まさに「デザインの技術つくり」の時期にあった。

　デザイナーが企業内で貴重な経営資源となり，会社成長に向けて独自の機能を発揮するためには，そのデザイナーが実際の製品開発から学び取った経験則をもとに，自身の知識をつくり，それをデザインの技術として有していなければならない。

　それには，何よりもまずは「手」を動かすことが最大の学習方法となる。「手」から学び取ること，つまりは「なすことによって学ぶ」ことが，デザイナーの能力形成のセットアップ段階において，極めて重要な役割を果たすのである。

　1960年代におけるホンダのデザイン・マネジメントは，このような「デザイナーの育成を含めた管理」に意が注がれていた，と見ることができる。

　そうしたマネジメントを通じて育成されてきたデザイナーが，のちの「シビック」や「アコード」といった，ホンダ4輪の基幹機種となる商品開発の過程にインプットされる際に，計り知れない未知数を持つ変数の「手」となる。つまり，デザイナーが自らの「手」を動かすことで体得するデザインの技術こそが，揺るぎない商品デザイン・パワーをつくり出せるのである。

　ホンダの1960年代の事例から見出せることは，そうした技術あるデザイナーを 'learning by doing' で育て上げることが，デザイン・マネジメントの第一段階にあたる，ということである。

　それには，その企業トップ自らが，デザイン・マインドを持ち，率先してこのデザイナー育成に力を注ぐ必要があるのだ。

　企業トップである本田宗一郎は，ホンダという企業を「回転する独楽（こま）」にたとえ，こう言ったことがある。自分と藤沢武夫[26]が心棒をつとめ，従業員全体が有機的に結合して独楽をかたちづくり，回転させてくれた，と。

有機的とは,「みんなで知恵を出し合い,みんなでつくる」ということである。それによって初めて「血の通った製品」ができると考えたのである。
　そうした考えを託しながら,本田宗一郎が研究所の社長を若い世代に譲るとともに,4輪開発のシステム化が目指されてから最初につくられた商品が,「初代シビック」(1972年7月発売)であった。
　「初代シビック」は,本田宗一郎の表現を借りるならば,「新しい心棒と,それを力強く回転させるブレーンが,見事に独楽を廻し続けている」ことを証明したクルマだったのであろう。
　1969年,この新機種となる「初代シビック」の検討チームのメンバーのひとりとして,著者は選ばれた。この時,鈴鹿製作所4輪工場の長い組立ラインには,「H1300」がポツンポツンとしか流れていなかったのだ。
　「"閑古鳥"が鳴いている」,著者はそう感じた。ホンダが「自動車メーカーHONDA」として存続できるかどうかの危機を迎えていたのである。
　こうした状況の中,新機種は「若者組」と「年寄り組」(とはいえ,20代後半から30代後半の世代でつくられたチームであった)の2チームに分かれて検討され始めていた。異質併行開発や「ワイガヤ」が初めて実践の場で試みられた時であった。
　著者は,両案から出されたコンセプトの優れたところを取り出し,うまく活かしまとめ上げるという,外観デザイン担当の役割にあたる。そこでは「収斂」が必要とされた。それには,「手」を動かし学び覚えることから,「頭」を使いデザインしていくことが求められていたのである。
　その際には,これまで「手」から学んできたことが大いに役に立つこととなった。これは,「手や体を動かすことは頭に作用する」という本田宗一郎の考えどおりのものだった。
　つまり「頭と体は絶えずパルスが往復して発達していく」ことが,著者の経験にも見られた。気がついたら,手が頭を助けて先に動いていた,と感じる。手も,目も,大事な時期であった。
　こうした時期に続いて迎えた1970年前後,「デザインの技術つくり」から次

第 3 章　デザイン・マネジメントの第一段階：デザイナーの育成

の段階へと進むこととなった。次章では、「初代シビック」の開発から始まる、「デザインの商品つくり（デザイナーの活用）」をクローズアップしていきたい。

<参考文献>
本田宗一郎著『私の手が語る』講談社，1982年
本田宗一郎著『俺の考え』新潮社，1996年
本田宗一郎著『得手に帆あげて』三笠書房，2000年（初出はわせだ書房，1977年）
片山修編『本田宗一郎からの手紙』ネスコ／文藝春秋，1993年
Penrose, E., *The Theory of the Growth of the Firm*, Third Edition, Oxford University Press, 1995.（末松玄六訳『会社成長の理論 第2版』ダイヤモンド社，1980年）
佐高信著『逃げない経営者たち』講談社，1994年

---

(1) 本章は，岩倉信弥・長沢伸也・岩谷昌樹稿「ホンダに見るデザイン・マネジメントの進化(1)：デザインの技術つくり」，立命館大学経営学会『立命館経営学』第41巻第2号，2002年7月 をベースにしている。
(2) Penrose, E., *The Theory of the Growth of the Firm*, Third Edition, Oxford University Press, 1995, p.183.（末松玄六訳『会社成長の理論 第2版』ダイヤモンド社，1980年，232ページ）。
(3) モデルの寸法を測るための正確な平面を持った鉄製の台。
(4) デザイン検討用の実物大の粘土モデル。
(5) 車体の微妙な形状を，縦，横，高さ方向の多数の断面で描き表した図面。
(6) 木や樹脂の四角い細い棒。描きたいカーブにしならせて，戻らないようにおもりで押さえて使う。よく「しなる」ことから「シナリ定規」と呼ばれる。
(7) 「シナリ定規」を固定するおもり。「ネズミ」によく似た形をしていて，「クジラ」とも呼ばれる。
(8) プレスなどの金型をつくるためのマスターモデルやモックアップモデル。
(9) 断面をかたどって切った型紙やテンプレート。
(10) 本田宗一郎著『私の手が語る』講談社，1982年，1ページ。
(11) これを裏付けるコメントとして，藤沢武夫（元ホンダ副社長）が，ホンダの発展の根本は，①本田社長のずば抜けたアイデア，②若い従業員がその若さを情熱として叩き込んだ努力，にあると確信していたことを挙げることができる（『ホンダ社報1号』1953年6月）。

⑿　本田宗一郎著『得手に帆あげて』三笠書房，2000年，173～175ページ。
⒀　中島飛行機を前身とする富士重工業にとって初めての量産車であり，丸みを帯びたデザインから「てんとう虫」とも呼ばれた。1970年の製造中止までに39万2,000台を売り上げた。
⒁　こうしたスピリットは，その10年前に本田宗一郎が「世界的製品を生産することができるかとの問いなら，私はできると答える」と述べている点からも見出せる（『明和報39号』1955年2月）。
⒂　この設計思想は，後に「ユーティリティ・ミニマム（エンジンルームなどの機構スペースを最小限にして，クルマのスペース効率を高めること）」，「M・M（マン・マキシマム，マシン・ミニマム）コンセプト」という，ホンダのクルマづくりの基本として受け継がれる。
⒃　前部に搭載したエンジンの回転軸を，車体中心に対して直角に配置する前輪駆動（FWD）方式。これは，現在の「レジェンド」にまで続くホンダのFWDの原形となっている。
⒄　後に，この「木の定盤」は，アルミ鋳物製の移動式簡易定盤につくり替えられて活躍した。
⒅　本田宗一郎は，こうしたメーカーのアイデアが市場での需要をつくり出すと考えていた。つまり「需要がゼロの市場へ，大衆が好み，関心を示す商品をつくって送り出す」ことが，パイオニア精神であると見なしていたのである。その点でホンダは，強力な小型のエンジンをつくり出すことで，日本そして世界に愛されるようになった，と自負している。本田宗一郎は「自分の個性によってブームをつくった」ということに誇りを持っていたのである。
⒆　また，本田宗一郎は，商品のデザインというのは，大衆の持っている模倣性（あの人がやったから私もやるという流行の心理）を見極めながら，創造性（独自の力で新しいものを考えつくり出すこと）を少しずつ押し出す，というきわどいところで進められていると語っていた。この模倣性と創造性との微妙なバランスをとることが，デザイナーの最も苦労するところとなるのである（本田宗一郎著『得手に帆あげて』三笠書房，2000年，169～172ページ）。
⒇　これに関して，Bruno Taut（桂離宮の美を日本人に再発見させた，ドイツから来た建築家）の「目が思考する」という言葉がある。これは，目を使って見ること（see）が，次第に頭で視（look），次いで心で観（watch, observe），そしてこれらすべてを使って看（診）る（consul）ようになることを示唆している。この意味でも，「目が命」であると言える。
㉑　継ぎ目をハンダで成形すること。

第3章 デザイン・マネジメントの第一段階：デザイナーの育成

㉒ この体制が後の「ワイガヤ」というホンダ特有の組織風土を生み出す礎となる。
㉓ 1967年11月に発売されたホンダの軽トラックのこと。
㉔ 著者たちが調べたところでは，当時，アメリカですらビーチ向けのクルマの量産車は見当たらなかった。フィアット社(伊)が，「ムルチプラ」というクルマを改造して「それらしいクルマ」をつくっている程度であった。
㉕ 「ＴＮ」と「バモス」も，この開発方法で行なわれていた。
㉖ 藤沢武夫は，本田宗一郎から営業や管理面の一切を任せられていた。本田宗一郎が会社の実印を一度も押したことも，また見たことすらないというのは有名なエピソードであるが，この点からも本田宗一郎が藤沢武夫にいかに全幅の信頼をおいていたかがわかる。また，本田宗一郎は「私は突っ走るのは早いが，後をふりむくのが不得手だ。専務（藤沢武夫）がその役目をいつもやってくれる」と述べていた。このコメントにも「名コンビ」と呼ばれたエッセンスを確認できる。こうした両氏を久米是志は，「持ち味は違うけれども，底の底までさらった厳しい発想には，なかなか常人の及ばぬところがある」と見ていた。

第4章 デザイン・マネジメントの第二段階：デザイナーの活用[1]

はじめに

　企業組織の調査研究を長年にわたって行なってきたAmabile[2]によると，ビジネスにおける創造性は，次の3つのエレメントから構成されるという[3]。

---

①専門性・専門能力
　…「知識」のことであり，どのようにそれを習得したかは問われない
②創造的思考スキル
　…問題に対してフレキシブルかつ創造的に新しいアプローチがとれること
③モチベーション
　…特に「内なる情熱」といった内因的モチベーションが，創造的な解決策を導き出す

　これら3つの要素から成り立つ創造性を向上させるものが，マネジメントである。その際のマネジメントでは，以下の6つのスタイルをとる必要がある。

---

①適切な仕事を割り当てる
②仕事の方法や手順についての裁量権を与える
③適切な資源（時間・資金）を配分する

④多様性のあるチームを編成する
⑤上司が激励する
⑥組織がサポート体制をとる

　こうしたマネジメント・スタイルをホンダに見る場合，多様性を持ったチーム編成は，とりわけホンダの「異質併行開発」にあたる。これは，ホンダが創造性を追求する際に，キー・ファクターとしてきたマネジメント・スタイルであった。
　Amabileは，創造性の高いチームをつくり出すには，「互いに補完，刺激し合える多様な視点とバックグラウンドを持つ人材を集めること」がカギとなるという。
　なぜなら，様々な知識とキャリアを有した人材が集まることで，チーム内に異質な専門性（専門能力）や創造的思考スキルを持つことができ，それに基づいてアイデアがチーム内で豊富に生まれ，その多様な組み合わせや結びつけができるからである。
　ただし，このやり方が成功するには，チームの目標達成に向けてメンバーが意思（内因的モチベーションのことであり，著者が言うところの「想い」にあたるもの）を共有することや，問題解決のために協力し合うこと，そしてそれぞれのメンバーの立場や知識を互いに認め合うことなどが求められる。
　今でこそ，企業の製品開発において，こうした異質な者どうしのチームから創造性を創出する方法は，「ブレークスルー思考」という呼ばれ方をしているが，ホンダでは，今から30年以上も前にこれが実践されていた[4]。その一例が，「シビック」（初代，1972年発売）の開発ケースに見られる。
　本章では，この時期のホンダの商品開発事例における「ものつくり」および「戦術つくり」を，特にデザインの側面（デザイナーの活用）から取り上げていく。このことにより，デザインが創造性といかに深く関わっているかという点を示すことにしたい。

第4章　デザイン・マネジメントの第二段階：デザイナーの活用

I　新機種の開発とデザイン

1．コンセプトつくり

　1970年，ホンダは「H1300」の販売不振に見舞われていた。これに続く新たな4輪車開発プロジェクトがもし失敗するようであれば，ホンダは4輪事業から撤退することになってしまう，という危機感が社内には漂っていたのである。

　そうした状況において，NB（New Body）プロジェクトの検討チームは，「ライフ」（1971年発売）に続く新型車のコンセプトつくりを進めていた。本田宗一郎がリードしてきた開発方法からのバトンタッチを受けて，提案型の新機種開発がスタートする。

　そこではまず，軽乗用車に対する「3F」，すなわち不安，不快，不安全を払拭することが検討された。

　前のふたつはいわば人間の本能的感覚に関わるものであり，最後のものは現実に起こり得る危険に対するものである。

　スペースやコストに限りのある軽自動車に，高級車と全く同じ快適さを要求することは無理であるし，そもそも無意味であるから，そのクルマにとって最適のやり方での，不安，不快の解消を目標とすべきである。

　高性能志向の「H1300」や上級志向の「ライフ」は，あまりに実体と懸け離れ過ぎたために，本来の目標すなわちあるべき姿を見失い，クルマとしてのバランスを崩してしまった。

　こうした失敗経験を新たなコンセプトつくりに活かすために，今回の新機種では，「マイナスをゼロにするためにはどうすべきか」という点や，「過ぎても足りなくてもいけない」という「丁度良さ」の考え方が徹底されていく。

　こうしたアプローチは，後に「ユーティリティ・ミニマム（必要な機能を満たして，なおかつムダを排すること）」というフレーズとして定着した。

　この「ユーティリティ・ミニマム」は，その後の小型車開発のコンセプトつくりに際し，「最適のサイズ，性能，経済性」を考えるベースとなったのである。

新機種の検討は，軽乗用車「ライフ」に基づいて行なわれた。視覚的不安を感じないドアの厚み，不快でない同乗者との距離，また不満のない運転のためにはどの程度の加速力や制動力が必要であるか，などということが，じっくりと考えられたのである。

　なかでも，前席左右の距離感は，２ＢＯＸ[5]とＦＦ（前輪駆動方式）レイアウトを活かし切ったことで，後に「鬱陶しくもなく，離れ過ぎてもいない絶妙な距離」という評価を受けることとなった。

　それは，「ユーティリティ・ミニマム」とはいえ，人の乗る空間は削らないという，後の「マン・マキシマム（十分な居住空間の確保）」に通じる考え方によるものである。

　ホンダは「ライフ」の開発によって，フロントドライブを活かした居住性拡大のためのノウハウを得ており，新機種に対しての「広さ感」の実現にあたっても，こうしたレイアウト手法が用いられた。

　新機種の実際の室内寸法は，決して大きいものではなかったが，乗る人にとっては「室内の広いクルマ」という印象を与えることになった[6]。ドライバーのアイポイント（目の位置）の設定に工夫がなされたからである。

　アイポイントの近くにピラーがあると，それによって視界が著しく遮られる。これを避けるために，「ライフ」に比べてフロントガラスをあまり寝かさず起こし気味にし，さらにＡピラー[7]の位置を少し前に出し，さらに前席をいくぶん中央寄りに配置したのである。

　こうした配置が可能であったのは，ＦＦ横置きエンジンの特徴によるものだった。横置きエンジンであるから，トーボード[8]を前方に移動し足下を広くできるが，前輪の位置は動かせない。トーボードのみの移動に伴って，それまで室外にあったホイールハウスが室内に出っ張ってくることになる。

　これによってペダル類は，ホイールハウスに押される形で車体の中央方向に寄らざるを得なくなり，フロントシートの位置も若干真ん中寄りとなり，結果として，アイポイントがピラーから離れ，良い視界につながったということである。

第4章 デザイン・マネジメントの第二段階：デザイナーの活用

2．新しい領域の創造

著者にとって，クルマのコンセプトつくりの段階で，このように時間をかけるのは初めての経験であった。そこでは，人，物，金というリソースこそ限られていたが，時間だけは十分に配分されていた。

その豊富な時間の中で著者は，マインドの異なるチームメンバーたちと議論し知恵を出し合った。そうして集められた叡知が，「新しい領域の創造」を呼び起こしたのである。

知恵を出し合うことによって，チームメンバーの多様なアイデアが，互いに触発し合い，個人では思いつかないような「閃き」としてフィードバックされるのであった。それでも著者は，この時のコンセプトつくりの方法は「原始的であったし，手際が良いとも言えなかった」と感じる。

だが，「目標となるクルマのあるべき姿」を心の中にイメージするために，設計やテストといった他部門のメンバーたちと長時間議論し，さらに試作モデルをつくり確かめ合うといった共同作業が大いに役立ったのは事実であった。

決して洗練されたやり方とは言えなかったが，そこには「ものつくり」の楽しさや喜びが宿っていたのである。

本田宗一郎の言葉に「新しいモノを生み出すには，何よりも人間の精神の高揚に心掛けることである」というのがある。高揚した精神は新しい「ものつくり」にとって必須である「創造のためのエネルギー」を導き出す，という意味である。

検討メンバーたちは，「いま必要なクルマ」がどのようなものであるかを各自の専門的視点から考え，さらにそれらを「ホンダとして最も良いものにする」ための共通項[9]へと変換させるべく試行錯誤を重ねていった。

そして著者自身，皆が共通項に向けてのマインドを高揚させていた「場」に身を置き，多様性が創造性に収束していく過程を目の当たりにしていたのである。

このようなワイガヤ（皆でワイワイガヤガヤと話し合うこと）による「ものつくり」は，本田宗一郎の行なう「ものつくり」の「やり方」そのものであったと

言える。

　本田宗一郎の最高の理解者と称される井深大（ソニー創業者）によると，最初にあるのは，「こういうものをこしらえたい」というイメージであり，そこから，このイメージを現実のものにするにはどうしたらよいかを考えて，問題となる点を取り除いていく，というのが2人に共通した「ものつくり」だったという。

　ホンダもソニーも人の真似を嫌い，「今までにないものをつくろう」とするため，その目標が大きくなってしまうが，それに向かって自分たちで工夫していく。そうした「ものつくり」の過程にこそ創造性が生まれてくるのであった。

　つまり，人の真似ごとをするよりも，自らがつくりたいというものをつくり，それが日本や世界において目新しいコンセプトやデザインであることに，その企業の創造性（いわば，他社より一歩抜き進んでいる部分）が生まれてくるのだった。

3．「ひとくち言葉」の威力

　新機種のデザインは，一つに収斂されたコンセプトをもとに，さらに2つのデザインモデル案で進められていた。それはホンダの新たな施策のひとつである，異質併行開発[10]によるものであった。

　第1案のモデルは全長が長く，屋根が低かったためスマートに見える。これと比べて第2案のほうは，全長が100ミリほど短かった。これは室内長にも影響を及ぼしたから，その分の居住空間を確保するために，屋根が第1案より20ミリほど高くなっていた。

　この第2案のデザインを担当することになっていた著者は，スマートな第1案と同じやり方では勝ち目がないと判断し，第2案に個性的で存在感のあるデザインを施そうと決心する。

　それは，「ユーティリティ・ミニマム」という基本コンセプトを際立たせるため，全長をさらに100ミリ切ってしまうことであった。つまり，トランク・スペースを「ドン」と思い切って削ってしまったのだ。

　このため，第2案はさらに全長が短くなったうえに，エンジンを横に納める

第4章 デザイン・マネジメントの第二段階：デザイナーの活用

ためにトレッド（車輪間隔）が広かったから，上から見ると正方形に近づき，また前後左右から見ると台形に見えたのであった。

その結果，第2案のほうがよりコンセプトをかたちに表現しやすいという点で，新機種のデザインとして選ばれ，「台形スタイル」の実現へとつながっていく。

台形というクルマのスタイリングイメージは，地面に吸い付くような「安定感」がある「踏ん張りのあるデザイン」，ということになる。

著者は開発の当初から，エンジンや乗員のレイアウトの視点からすると，このクルマで「流れるようなシルエット」は期待できず，どうしても「ずんぐりむっくり」としたかたちになるだろうと考えていた。

そこで，このクルマのデザインは一般的に言われる格好良さではなく，別のところにある（つまり特徴的な何かを持ったクルマである）ということを周囲に巧みな表現で説得していったのである[11]。

その台形スタイルの安定感には，本田宗一郎も次のように言って喜んだ。

「台形はいいねぇ。後ろから見て格好いいよ。安定感がある。これからは，これだな」

それは，開発チームが新機種のコンセプトである「ユーティリティ・ミニマム」に，「小さくていばれるクルマ」[12]という独自の解釈（在りたい姿）という「ひとくち言葉」を与えて，その狙いどおりの姿かたちに表現できたことに対する評価の言葉であった。

4．誇れるクルマ

「小さくていばれるクルマ」とは，たとえば交差点で「ナナハン（CB750）」の横に並ぶ「ホンダモンキー」のように，軽量でコンパクトであっても，存在感があることで引け目を感じないということであった。それはまさに「誇れるクルマ（プライドの持てるクルマ）」と言ってよい。

そのために新機種開発チームは，鉄板や塗膜を厚く見せるための工夫を徹底して行ない，またメッキの使用も効果的に一点集中させた[13]。さらにはヘッ

85

ランプを大きく円らな瞳のようにデザインしたのである[14]。

こうしてできあがった新機種には、しばらくして当時の販売促進部長から、'CIVIC（シビック；市民の，都市の）'という名がつけられ，1972年7月，ホンダにとって初めての本格的小型乗用車として発売された（写真4－1）。

「シビック」はその名のとおり，「市民」のためのクルマとして登場した。それは，本田宗一郎の「自然の営みに参加するモノつくり」という姿勢を受け継ぐかたちで完成したクルマであることを示している。

「シビック」の開発では，合田周平（電気通信大学教授）が強調するところの「活学」，すなわち「知識を自然の営みに即して活かすこと」が組織としてなされたのであった。

合田周平は，本田宗一郎の次のような言葉から，この「活学」を重視することの必要性を主張している。

「自然の流れに逆らっては，一時的にいいモノを造れても，それが商品として長続きするものではありません。…（中略）…とくに機械は，自然の営みのなかで動くので，それに正直に反応するんです」[15]

写真4－1　ホンダ初の本格的乗用車「初代シビック」(1972)

こうした本田宗一郎の信念が汲み入れられたクルマとして，「シビック」は次第に街で，きびきびとした走りを見せた。「シビック」は，自然の営みの中で人々に受け入れられていったのである。

この「シビック」は，その年の日本カー・オブ・ザ・イヤーを獲得するまでに至った[16]。また，1979年には，そのデザインに対して，日本発明協会から「通商産業大臣賞」を受けることになる。自動車では初めての受賞という快挙で

第4章　デザイン・マネジメントの第二段階：デザイナーの活用

あった。

さらに驚くべき点は、その受賞が発売から実に6年も経っていたということだ。実際、「シビック」は、当時の日本では珍しい「長寿のクルマ」として、1979年7月に「2代目シビック」（写真4-2）が出るまで、7年間という長期にわたって販売され続けた。

写真4-2　M・M思想が深まりを見せた「2代目シビック」(1979)

「シビック」は世界のベーシックカーとして次第に受け入れられていく。台形の安定感が「デザインの魅力ある価値」を生み出し、何よりも「シビック」の普遍性を証明する結果となったのである。

5．「らしさ」のデザイン

「シビック」のコンセプトが固まりつつあった頃、すでにこのクルマには、開発基本要件が設定されていた。こうした基本要件や機能要件の明示は異質併行開発とともに、当時のホンダが取り入れ始めていた手法だった[17]。

要件の設定は、チームの意思をひとつにして、目標に向かわせることに大きく貢献した。

「シビック」の開発基本要件は、次の7つであった。当時、株式会社本田技術研究所（以下、研究所）所長は、これを「7つのお願い」として提示したのである。

①販売網について、②整備体制について、③輸出について[18]、④生産体制について、⑤「ホンダらしさ」について、⑥開発スケジュールについて、⑦ライフサイクルについて、それぞれに明確な目標が定められていた。

著者は、この中でも「ホンダらしさ」という要件項目について、それをチームで共有できる具体的な言葉や数字に置き換える必要があると感じていた。

そこで、「ホンダらしさ」のエレメントのひとつとして、「きびきびとした走

り」という言葉を見出し、これをハードの機能要件と定め、開発チームの中で議論を重ね、数値化していったのである。

すでに触れたように、発売後の「シビック」は街角で、そのきびきびとした走りを見せた。それは、デザイナーが「ホンダらしさ」ということに具体性を与えて、そこから創造性を導き出したことによるところが大きい。

「ホンダらしさ」を姿・形として表現したのであった。デザインを、未来への確かなイメージに基づいて行ない、それが現実のものとしたのである。

6.「おんもら」デザイン

「シビック」では、トランクタイプ（2ドア）の金型を利用して、テールゲートタイプ（3ドア）も併せて製造された（1972年9月「シビックGL3ドア」として発売）。これは、リア・ガラスとトランク・リッドを一体にしたテールゲートが、跳ね上がって開くものであった[19]。

こうした3ドアタイプは、当時欧米で小型車の主流となりつつあり、「週末に次週の食料品をまとめ買いするのに便利だ」という情報が、海外の駐在員から入ってきていたのである。開発チームは、近い将来、日本でもこうした生活形態が一般的になると予想し、このような小型車が普及するであろうと考えた。

このため「3つめのドア」がついたタイプは、開発チームが当初から目指すところとなり、「3ドアなくして、このクルマ（シビック）の活路はない」というほどの確信をもとに、テールゲートタイプが開発されたのである[20]。

それは開発完了日程ぎりぎりに完成。ここまでわずか2年という、当時の常識を破った短期間での開発であった。

このように「シビック」は、「7つのお願い」という開発基本要件を満たすかたちで市場に登場、「新カテゴリー・ハッチバック車」として高い評価を受ける。なかでも「ホンダらしさ」という点に、デザインが果たす役割は大きかった。

この「シビック」の開発中、本田宗一郎がクレーモデルを見ながら、次のように言っていた。

第4章 デザイン・マネジメントの第二段階:デザイナーの活用

「このかたちは"おんもら"していていいね。こういうのは見ていて飽きないよ」,と。

著者は,当時この「おんもら」の意味がよくわからないままでいたが,言葉の響きから,かたちづくられたものから感じとれる「暖か味」のようなものであろうと思っていた[21]。

クレーモデルの製作に際し,荒付けの段階では腰を入れて大きく腕を動かさないと力が入らない。反対に,仕上げの時には,手のひらや指のかたちの持つ軟らかさや動きの微妙さが肝心である。

つまりクレーモデルの「(粘土を)盛る」ということは,身体のすべてを使っての造形なのである。だから,そのようにしてかたちをつくりあげると,そこからは人間の身体のようなカーブや面を感じ取れるものである。

「シビック」からは,こうした面やカーブが感じ取れた。ホンダ車の造形に多くの放物線が含まれているということは,人間の身体の自然な動きが生み出す「暖かみ」のあるかたちをもとに,しなやかな強さがあるデザインがなされているということを示している。

本田宗一郎はそれを「おんもら」と表現したのであり,これこそがチームが標榜する「ホンダらしい」デザインでもあった。

1990年代に入って,自らの分析において,「ホンダ車のデザインは,線であれ,断面であれ,放物線でできている」という結果を得た。著者がかつて,「初代シビック」の経験を通じて得た体験をもとに,80年代初頭につくった「デザイン技術強化策」の中で目指した結果である。

II ワールドカーの開発とデザイン

1. 展開期での戦術つくり

「シビック」の外観デザインを担当した後の著者は,「シビック」の1クラス上にあたる上級車の開発に入っていた。それが,「シビック」よりもひと回

り大型のボディを持つ小型車「アコード」(初代,写真4－3,1976年5月発売)である。

この頃のホンダは,1973年10月に本田宗一郎と藤沢武夫が第一線を退陣し,取締役最高顧問となることで,いわゆる「本田・藤沢のツーマン経営」から「集団指導体制(後の経営執行機関)」へと移行したばかりの時期だった。

写真4－3　「気配」と「色気」をデザインした「初代アコード」(1976)

本田宗一郎や藤沢武夫といった創業者の時代から,新しいリーダーたちが創業者精神を再確認し,そのスピリットに沿って組織を動かしていく時代へと移りつつあった時である。

次世代へのバトンタッチを受けた2代目社長の河島喜好は,この時,ホンダの強みは,「コンパクトで効率の良いエンジンを軸にした2輪・4輪・汎用という,それぞれにユニークで効率の良い商品群を持つこと」であると示した[22]。

そこで,この「2輪・4輪・汎用」という3本柱を,さらに充実させることが先決問題であると見なして,「横への多角化(他の分野への進出)」ではなく,「縦の多角化(商品の多様化)」を推進していく戦略を立てたのである。

河島喜好は,社長就任の際の所信表明において,「これまでのホンダの良き伝統や社風を伸ばすとともに,そこに新しいものを付け加えたい」と述べた。それは,新しい時代や社会に即した「新しいもの」であり,また(他の会社にはあるかもしれないが)ホンダにとって「新しいもの」であったに相違ない。

こうした「新しいもの」を揃えていく「縦の多角化」を推し進める戦略において,4輪では「アコード」の開発が,最初の大きな戦術となる。ホンダが,その創設者である本田宗一郎の手を離れて,第二の創生期を迎えるために欠かせない「展開期(準備期)」に入る時期のことだった。

第4章　デザイン・マネジメントの第二段階：デザイナーの活用

　この「展開期」では，それまでの創業期が「創造への意欲」に満ちていたことに比べ，「結実への意欲」が生まれつつあった。つまり本田宗一郎をはじめとする先駆者たちが切り拓いた道を，舗装して，そして人が楽しく通行できる道路として完成させたいという意欲であったと言える。

　そうした「結実への意欲」の中，ホンダには次の3つの機能（いわゆるオールホンダ）が整うことで，1974年9月からはＳＥＤシステムという新たな開発体制がスタートしていた。

---

①独創的な商品の意欲的な開発
　…「(株)本田技術研究所」による「Ｄ（development）機能」
②生産手段の開発と具現化
　…「(株)ホンダエンジニアリング」と生産部門による「Ｅ（engineering）機能」
③効率的な販売・サービスの展開
　…「本田技研工業(株)」による「Ｓ（sales）機能」

　「アコード」は，このＳＥＤシステム（つまりＳから入るお客さんの声と，Ｅの良いものを安く早くつくりたいという心，Ｄの新しいものをつくり出したいという高い志をもとに商品にまとめあげていく仕組み）が本格的に運用された最初の機種となる。

　「アコード」のコンセプトは，「シビックのお客さんが違和感なく買い換えられる，使い勝手の良いスタイリッシュでスポーティな小型車」であった。

　この時期すでに発売していた「シビック・3ドアハッチバック」のスタイルが日米の市場で好評だったのを受け，すべての部署が知恵を出し合い，新機種のかたちに「広さ，スタイリッシュ，走り」を具現化していったのである。

　こうしてデザインされたのが，「アコード3ドア」の「スポーティ・ハッチバックセダン」であった。開発チームが「若いホンダ」[23]をアピールできるクル

91

マを目指し,「ヤング・アット・ハート」のスピリットで取り組み,チーム全体の知恵を束ねてつくりあげたデザインだと言える。

2．芸術家とデザイナー

　この「アコード」をデザインしていくにあたって,著者は幾度となく本田宗一郎からのインディケーションを受けた。それは,本章の冒頭に挙げた創造性をつくり出すためのマネジメント・スタイルのひとつである「上司からの激励」に等しい効果を与えるものとなっていたと言える。

　たとえば「アコード」の開発に入る前,著者は「シビック」の成功に勢いづき,「今度こそスタイリッシュなクルマを」と,連日これ見よがしなクルマの絵を描いていた。それを見て本田宗一郎は,こう指摘したのである。「芸術家には,新しいかたちなんかできやしないよ」,と。

　この言葉には,「きみは工業デザイナーなんだぞ」という忠告が込められていると著者は気づき,さらにそこにひそむ真意をつかもうとした。

　そのひとつは,芸術家とデザイナーの目指す立場の違い,ということであった。どちらも「モノのかたちや色」をつくり出すことでは同じである。

　芸術家は自分のためだけに「ひとつの芸術作品（モノ）」を一人でつくる。そこには社会や人々といった視点が入り込む余地はないし,そのこと自体に何の問題もない。

　これに対して,デザイナーは常に社会との関係を重視し人々の日常生活に役立つための「大量の商品（モノ）」を多くの人々との共同作業からつくっていく。この点に,本田宗一郎が引き合いに出した「芸術家云々」の真意があると考えたのである。

　また,本田宗一郎による忠告のいまひとつのポイントとなる「新しい」ということに,著者は「旬」という言葉を重ね合わせた。つまり,「商品（モノ）」をつくるには,新しい材料（旬の素材）,新しい製法（旬のつくり方）,新しい技術（旬のスキル）が欠かせないのである。

　これら3つの「旬」を「どんなモノをつくりたいか」というコンセプトのも

とで用いることで初めて,「新しいデザイン」が生まれるのであった。これは,デザイナー一人では「新しいデザイン」はつくれないことを示すものであった。

このようにして著者は,「芸術家には,新しいかたちなんかできやしない」という本田宗一郎の言葉をひも解く。そして,その激励にも似た教えにならい,3つの「旬」を生み出す者たちと共に,新しいニーズに応えるための「ものつくり」を行なっていく,という意識を高めたのである。

3.「気配」のデザイン

著者が,「シビック」の次の一手となる「アコード」の新しいかたちつくりに苦戦していた時,本田宗一郎は,次のようにアドバイスした。

「人間のように気配を感じるクルマを考えろよ」,と。

この言葉は2つの意味に解釈できた。クルマがあたかも人間のように,周りの状況(気配)を感じ取り,それに的確に対処できる機能を備えていること。

もうひとつは,人は皆,それぞれ独特の雰囲気(気配)を漂わせている。クルマは機械であっても同様な気配を人に感じさせねばならない,という意味である。

最初のものに対して,まず開発チームは,人は歩く時に五感(視覚,聴覚,嗅覚,味覚,触覚)をフル活用していることに着目した。つまり人間は,「眼,耳,鼻,舌,身」を使いながら,周囲の状況(すなわち気配)を感じ取りながら歩いているのである。

今なら各種のセンサーを多用し,あたかも人間が雑踏の中をヒラリヒラリと歩くがごとく走るクルマだって決して不可能ではないが,当時こうした技術は未だ確立していなかった。

そこでクルマ自体ではなく,それを運転する人間の五感(特に視覚)を妨げないようなデザインを施すことが目指された。とりわけ運転中の「眼」に負担がかからないように,運転時での視界を極力広げることで,感覚をつかみやすくなるようなクルマにすることが方針として定められた。

これとともに,メーター類からの情報が見やすくなるように,確認する際の

優先順位がついて配置され，レバーやスイッチ類の操作時に視線をあまり動かさないですむように，手元へと近づけられた。

つまり，運転する人が視覚情報を正確に認識し，それに応じた瞬時の判断を助けるような工夫が重ねられたのである。これは，運転による疲労軽減のための措置でもあった。

このように視界を広げ，なおかつ車室での情報収集を行ないやすくするための工夫は，「ビジビリティ・インデックス」と名付けられる。これに基づく数値的な表現がなされていくことで，本田宗一郎が言うところの「気配自動車（ないし人間自動車）」のかたちがつくり上げられていった。

「気配自動車」には，「130km／h快適クルーズ」というキャッチフレーズがつけられた。つまり，「気持ち良くどこまでも走るクルマ」として，「アコード」は登場したのである。

一方，クルマ自体が発する気配（雰囲気）をどのようなものにするかで開発チームは悩んだ。

デザインの途中で，ロスアンゼルスにある研究所・HRAに頼んで送ってもらった一枚の小さな写真が効果的に使われた。ロスアンゼルス郊外の高級住宅地，パロスベルデスの丘の上から，紅い瓦屋根と白い壁のスペイン風の家越しに太平洋を撮影した写真である。

この写真が2×5mに引き伸ばされ，ベニア板でつくったつい立に貼り付けられて，1／1クレーモデルの背景として用いられた。

後方にセットされた風景に似合うようなモデルになるように，開発チームのメンバーは，大きな風景写真の前で多くの時間を過ごし，そこからイメージを膨らませていった。

「アコード」は，前後ともピラーが極端に細く，ベルトラインやボンネットの高さが低く，ガラス面積が驚くほど大きなデザインとなった[20]。それは，陽光と開放感に溢れたカリフォルニアの「気配」を感じさせた。一枚の写真が，「気配」をつくり出すことに，大きく貢献したのである。

4．「色気」のデザイン

　「アコード」には，いまひとつ興味深いデザイン作業が見られる。それは，「うしろ姿」のデザインであった。というのも本田宗一郎から，こういう話を聞いたからである。

　「クルマはな，うしろ姿が大事なんだ。運転していると，対向車の前は，アッという間に見えなくなるだろ。それに引き替え，前を走っているクルマのうしろはずっと見ていることになる。格好の悪いやつのうしろにつくと，うんざりだよ。長く見ていて飽きないのが良いね。小股の切れ上がっているのはいいもんだよ。それに，お太鼓のようなのもいいんじゃないかな」

　著者は，この「小股の切れ上がっている」ということを「腰が高い」，「お尻がキリッと上っている」ことであると解釈した。これに，帯結びのひとつである「お太鼓」がついたものとして，「小股の切れ上がった江戸っ子娘のお太鼓姿」をイメージしながら，「アコード」の「うしろ姿」をデザインした。

　こうしてできたのが，「アコード」の「リヤスタイル」である。そこには，本田宗一郎が「色気」と表現する「製品の美」が備わっていた。

　本田宗一郎はそれ以前から「上品で，端正で，少し色気がある姿」が好きであった。本田宗一郎自らがそれを如実にデザインしたものに，初めて4サイクルエンジンを搭載したオートバイ，「ドリームＥ型」（1951年10月発売）がある。

　「色気」というものは，「製品」が「商品」として仕上がる際に必須である。「モノ」が実用的な価値を具備しただけでは「製品」としか呼ばれない。

　美的要素を備えること，さらにはそれが単なる「美しさ」だけではなく，人々の気持ちを捉える「色気」を感じさせるものであって，初めて「商品」と呼ばれるのである。

　人はクルマを褒める際に，わざわざボンネットを開けて見て褒めることはしない。眺めてすぐに，その美しいフォルムに見とれて，「これは良いクルマだ」と感じるのだと本田宗一郎は思っていた[25]。「メーカーの注意が，実用価値を卒業して美しさにまで到達したときに商品と言われる」ということである[26]。

　クルマが「商品」である限り，エンジン性能や乗り心地は良くて当然であり，

真の価値を定める基準は,そうした実用的価値に加えて感覚的価値にも置かれる。機械的な耐久性とともに,美的耐久性（普遍性）を兼ね備えているものが「飽きの来ない」という意味で,長期間の実用に耐えられると言えるだろう。

「アコード」は,まさにそうした美的要素を備えた商品であり,「大人の気配（雰囲気）」を漂わせていたのである[27]。

この「アコード」[28]は,「シビック」とともに量産モデルとして,ホンダの4輪事業の屋台骨という役割を果たし始めた。このことでホンダは,世界に向けた乗用車路線を推し進めていくことができるようになったのである[29]。

おわりに

前章において,デザイン・マネジメントの第一段階では,優れたデザイナーの育成（グッド・デザイナーという人的資源の獲得）がカギを握るということを示した。それでは,これに続くデザイン・マネジメントの第二フェーズでは,どういった点が重要となるのであろうか。

本章で捉えてきた1970年代におけるホンダの商品つくりの事例から指摘できるのは,社内で育て上げてきたグッド・デザイナーが,その能力を存分に発揮できる製品開発の仕組み（たとえば異質併行開発など）を工夫しながら整えていくことが求められる,ということにつながる。

それは,有能に育ちつつあるインハウス・デザイナーを適切に活用することで達成できる,「デザインの商品つくり」である。これが,デザイン・マネジメントの第二段階にあたるものであると言える。

この段階でのマネジメントのいかんによって,商品の差異化（他社より一歩抜き進んでいる部分や美的耐久性といったもの）の程度は決定的なものとなる。

ホンダの場合は,デザイン・タッチ（デザインを高い位置に置くこと）[30]による製品開発を十分に図ったことが,「シビック」,「アコード」という4輪の量産モデルとなる機種の誕生に結びついた。デザインが,差異化を図るうえでの大きな推進力（force）となったのである。

第4章　デザイン・マネジメントの第二段階：デザイナーの活用

独創的なエンジンＣＶＣＣ[31]が開発され，これを搭載した「シビック」が，ボディ・バリエーションを４ドア，５ドア，バン，ワゴンと拡げ，好調な売れ行きを示していた頃（1975年），著者は本田宗一郎から次のような話を聞いた。

「世の中には，かたちは３つしかないんだ。○と△と□だよ。丸は'円満'，三角は'革新'を連想させるよな。それで言うと，四角は'堅実'な感じがする。企業の経営もそうなんだが，円満だけでは会社はつぶれる。革新だけを追い求めるのも危険だ。やはり基本は堅実で，その上で時代の動きをよく見て，円満さや革新を上手に適量混ぜ合わせていくことが大事なんだ。スタイルも同じでね。とくにクルマのように高い買い物は，その辺をよく考えないといけない。丸や三角に偏ると，最初のうちはいいんだが，すぐに飽きが来る。その点，四角は丈夫で長持ちだよ」[32]

これは本田宗一郎が，デザイン室に並んだ「シビック」のクレーモデルを眺めながら言ったものである。確かに「シビック」は，スタイルの基本が台形であり，四角い格好をしていた。しかも角は適度に丸められており，ポイントではしっかりとエッジが効いていたのである。

その点から見ると「シビック」が７年間，モデルチェンジを行なわずに売り続けることができた大きな理由を，'堅実さ'と'円満さ'と'革新'（つまり□，○，△）のバランスの取れたスタイルに求めることもできる。

この本田宗一郎の話は，後に「２代目プレリュード」（1982年11月発売）の開発を手がける際に，示唆に富むものとなった。

というのも「初代プレリュード」（1978年11月発売）は，「つくり手の想い」が，ひとり歩きしたクルマとなっていたからである。

そこで「２代目プレリュード」には，ひとりよがりで野暮な部分を払拭し，洗練することが求められた。「洗練」とは，「洗う」ことによって，「汚れ」で隠されてしまっている「本来の良さ」を冷静な眼で発見し，それを研ぎ上げて，練り込んでいくということである。

著者は，こうした洗練を「２代目プレリュード」のデザインにおいて実践していった。その際には，ただ洗練するだけではなく，前述の「品の良い色気」

を出すことにつとめたのである。

「洗練」の過程には冷静さが要求されるから、「洗練」のみを追求したものは、人の気持ちを昂ぶらせない。「何か感じるところがある」と人の心を昂ぶらせる「何か」がクルマの色気であり、それが個性であろう。

著者の1980年代は、そうした「品の良い色気」を追求した「2代目プレリュード」の開発から始まった。第1章でも述べたように、この頃、著者は研究所社長から「'世界一のデザイン'が続々出てくる部屋（デザイン室）をつくってくれ」と言われる。

検討のすえに、その実行計画書の冒頭に、『形は心なり』と記した。そこには、「'形'には、つくっている人の'心'が表れるもので、デザイナーは心を鍛えることが大切である」という想いを込めた。

そして、「デザイナーは何よりも、世のため人のために、一心不乱にデザインすることを心の拠り所としたい」という願いを「デザイン即仏行なり」という言葉に託した。

また、デザインを行なううえで最も必要なものは、普遍性（長い年月で淘汰され、それでも変わらないで残ること）、先進性（人より進んでいて、時間が経っても、その新鮮味が失われないこと）、奉仕性（人間社会や時代の動きに合ったものであること）であり、これら3つの絶妙な組み合わせが大事であると示した[63]。

この時期、頭を使うデザインをするようになって気づいたことは、頭だけを使うと金縛りになる、すなわち、感度が鈍くなるということだった。常に手や目や、いわゆる五感とのやり取りのない頭は孤立する。デザイナーにとって、そのような頭では世の中の早い動きを捕えることはできないのである。

デザインの3要素に基づく確かなコンセプトつくりは、ホンダのブランド（いわば会社の顔）を築くことにつながるものであったと言えよう。次章では、こうしたブランドつくりに関して、デザインの側面から捉えていくことにしたい。

第 4 章　デザイン・マネジメントの第二段階：デザイナーの活用

<参考文献>

合田周平著『活学の達人 本田宗一郎との対話』丸善，1996年

Harvard Business Review編／ＤＩＡＭＯＮＤハーバード・ビジネス・レビュー編集部訳『ブレークスルー思考』ダイヤモンド社，2001年

井深大著『わが友 本田宗一郎』ごま書房，1991年

岩倉信弥・長沢伸也・岩谷昌樹稿「ホンダの製品開発とデザイン―企業内プロデューサーシップの資質―」，立命館大学経営学会『立命館経営学』第39巻第6号，2001年3月

岩倉信弥・長沢伸也・岩谷昌樹稿「ホンダのデザイン戦略―シビック，2代目プレリュード，オデッセイを中心に―」，立命館大学経営学会『立命館経営学』第40巻第1号，2001年5月

岩倉信弥・長沢伸也・岩谷昌樹稿「ホンダのデザイン・マネジメント―経営資源としてのデザイン・マインド―」，立命館大学経営学会『立命館経営学』第40巻第2号，2001年7月

『TOP TALKS 先見の知恵』本田技研工業株式会社，1984年

---

(1)　本章は，岩倉信弥・長沢伸也・岩谷昌樹稿「ホンダに見るデザイン・マネジメントの進化(2)：デザインの商品つくり」，立命館大学経営学会『立命館経営学』第41巻第3号，2002年9月 をベースにしている。

(2)　ハーバード・ビジネススクール経営学教授。

(3)　Amabile, T. M., "How to Kill Creativity", *Harvard Business Review*, September-October 1998.（邦訳「組織の創造性を伸ばすマネジメント」，Harvard Business Review編／ＤＩＡＭＯＮＤハーバード・ビジネス・レビュー編集部訳『ブレークスルー思考』ダイヤモンド社，2001年，所収）に基づく。

(4)　1970年4月のホンダ社報において本田宗一郎は，「これからは，創造性によって，いつでも主導権を握れる技術を養成することがいちばん大切なこと」と記していた。このことからも1970年代は，ホンダにとって「創造性」をどのように創出するかが大きな課題となっていた時期であったことがわかる。

(5)　居住空間とトランクスペースが一体となったボディ形状のこと。これに対して当時は，日本の小型車のほとんどが，3ＢＯＸ（トランク分離型）であった。

(6)　これは，新機種が「Ｍ・Ｍ（Man-maximum・Mecha-minimum）」思想でつくられていたからであった。

(7)　フロントガラスを支えるピラー。

(8)　エンジンルームと車室の隔壁（バルクヘッド）の，特に足もとの部分。

⑼ この時の新機種のＬＰＬ（Large Project Leader；開発責任者）を務めた木澤博司は，こうした共通項の追求を「絶対値」の追求であると述べていた。

⑽ ひとつのテーマに対して2つの開発チームが競合して，より優れたクルマを生み出していくことを目的としたもの。この開発方式は後のホンダにおける「併行異質自由競争主義」の先駆けとなった。

⑾ たとえば，「このクルマには，いま流行りの流麗さはありません。このクルマのイメージは，アラン・ドロンではなくて，チャールス・ブロンソンなんですよ」，「白魚の手ではなくて，げんこつの手ですよ」，「美しい，ではなくて，可愛いなんですよ」という表現によって周囲を説得してまわっていた。

⑿ たとえば，「家に芝生の庭があって，駐車場もあって，お父さんがベンツに乗っていて，自分はセカンドカー（シビック）に乗っているんだ」というように見てもらえるようなクルマ。あるいは，「シビック」1台しか持っていなくても，「家にはベンツが置いてあるんだ」と思いながら乗れるクルマ。

⒀ 鉄板の厚みは，0.7ミリの薄い鉄板を放物線断面にプレスすることで「張り」が出された。また塗装は，2コート2ベーク（2回塗り2回焼き付け）によって「琺瑯感」が表現された。メッキについては，テールのゲートやランプのモール類，フロントグリルモールやセンターマークなどに用いることで「小さいクルマなりの存在感」が主張された。

⒁ これは著者が，犬や猫などのペットを可愛がって撫でる時や，馬や愛機（戦闘機）などに「良くやったぞ」とポンポンとたたくシーンを頭に描きながら，デザインしたものであった。

⒂ 合田周平著『活学の達人 本田宗一郎との対話』丸善，1996年，9ページより引用（中略は引用者による）。合田周平は，本田宗一郎のこうしたマインドに触れ，自然と人間による技術の共生（いわば「技術の活学」）を具現化する「エコテクノロジー」の重要さを説いている。

⒃ 「シビック」はこれまで，6度（初代で3年連続，3代目，5代目，6代目で各1回）にわたって，日本カー・オブ・ザ・イヤーを受賞している。また，1995年には全世界生産累計台数が1,000万台に到達した。

⒄ また，この頃，開発目標に向かって落ちこぼれのないように，要所要所でチェックし合って進んでいく新たな開発システムが試行されていた。

⒅ これは，所長から「日本はもとより，世界市場を志向した自動車の開発に向け，それはどのようなものであるかを答申せよ」という大きなテーマが「シビック」開発チームのメンバーに与えられていたことに関連している。

⒆ この「3ドアＧＬ」によって，「シビック」は若者を中心に支持を集めた。発売した

第 4 章　デザイン・マネジメントの第二段階：デザイナーの活用

年の1972年は残り 5 ヶ月であったために年間販売数は 2 万1,000台にとどまったが，翌1973年には 8 万台，1974年と1975年では 2 年連続して 6 万台を超える販売台数となった。

⑳　この 3 ドアタイプは，後に「ハッチバック」という名称がついた。その名称がつく以前には，「 3 つめのドアは（右と左の）どちら側にあるのですか」という営業所長からの質問があったほどだった。これは，この当時に営業サイドには 3 ドアがまだ浸透していなかった，ということを示すユニークなエピソードとなっている。

㉑　のちにこの言葉は，今でも浜松の天竜川上流から諏訪湖にかけて使われていて，「暖か味」のようなものの意味であることがわかった。

㉒　この箇所における河島喜好の見解に関しては，『TOP TALKS 先見の知恵』（本田技研工業株式会社，1984年）272〜354ページを参考としている。

㉓　河島喜好は，45歳でホンダの 2 代目社長となった。つまり前社長の本田宗一郎からおよそ20歳も社長の年齢が若返ったのである。

㉔　また，上級大衆車としては初めてとなる「ビルトイン・オートエアコン」や「パワーステアリング」といった快適機能も装着されていた。

㉕　ホンダでは，これを「パッと見てグー」と言う。

㉖　このように美しい商品をつくり出すためには，「あたかもオーケストラがすばらしい音楽を奏でるように，旋盤も組立てのコンベアーも，あるいは，エンジン検査も，完成車の試験までも，工場のすべての機能が一つの律動となって流れるようにならなければならない」と本田宗一郎が述べていた。

㉗　「アコード」は，「調和」や「一致」という意味であるが，この「アコード」は，「乗る人たちにゆとりを与えて，人とクルマの調和を図る」という新しい主張を持ったアダルト・カーとして誕生した。ここから「大人の雰囲気」が醸し出されていたのである。

㉘　「アコード」の発売年（1976年）の国内販売実績は，実質 6 ヶ月で 5 万3,752台を記録した。米国市場でも，国内販売と同時に輸出が開始され，同年には 1 万8,643台が販売された。日本のメーカーが初めてアメリカで現地生産を行なったクルマが，この「アコード」であった。また，「アコード」は1976年に「日本カー・オブ・ザ・イヤー」を受賞している。

㉙　この頃（1976年）の世界における自動車生産台数は3,500万台であり，乗用車では2,600万台であった。そのなかのホンダのシェアは 2 %，トヨタのシェアは 7 %だった。河島喜好はこれに触れ，「私たちは世界を相手にわずか 5 %シェアを伸ばせば，トヨタに追いつき追い越すことができる」と檄を飛ばしていた。

㉚　"Design touch"については，付章 1 を参照。

(31) Compound Vortex Controlled Combustion；複合渦流調速燃料という方式で完全燃焼する無公害エンジンのこと。このＣＶＣＣエンジンは「クリーン＆エコノミー」の代名詞となり，'73年科学技術庁長官賞，'75年カー・オブ・ザ・イヤー（シビックＣＶＣＣ），'75年毎日工業技術賞など多数の賞を受賞した。
(32) この「四角」へのこだわりに関して，1978年，デトロイトの最上級ホテル（丸い建物）の玄関に入るなり，本田宗一郎が「このホテルは，人間の生理や心理を知らないものが設計している。'丸'はダメだ。人間は，真っ直ぐ歩くように出来ているんだ。'四角'でなきゃいかん」と強い口調で言った，というエピソードがある。
(33) この「デザインの3要素」については，本書第1章，ならびに，岩倉信弥・長沢伸也・岩谷昌樹稿「ホンダの製品開発とデザイン―企業内プロデューサーシップの資質―」，立命館大学経営学会『立命館経営学』第39巻第6号，2001年3月に詳しい。

第5章　デザイン・マネジメントの第三段階：
　　　　ブランド形成戦略(1)

はじめに

　1981年初頭，ホンダの社長であった河島喜好は，本格化してきた小型車競争に挑むために，「'差'ではなく，'違い'をつくり出そう」という企業指針を示した(2)。

　「差」とは大きい，小さいといった数量のことを主に指すものである。これに対して「違い」とは，測定できない質を指すものであった。つまり，物質的な面で差をつけるのではなく，精神的な面で違いを出していこうとする戦い方である。

　河島喜好は，ホンダがそれまで成長してきた原動力を，この「違い」をつくってきたことにあると捉えた。そこで引き続き，他社とは違うという点を，よりいっそう際立たせようとしたのである。この企業指針は，ホンダの1980年代における基本戦略を方向付けるものとなった。

　1980年代というと，いわゆる小型車戦争がグローバルな規模で繰り広げられた時期である。その状況下でホンダは，小型車の領域において，世界レベルのトップメーカー（たとえばGMやトヨタなど）に異質さで勝負するという，ピンポイント攻撃をしかけていこうとしていた。

　要するにホンダは，メジャー企業との差（生産規模や市場シェアなど）を縮めていくことよりも，違い（個性）を活かして，「お客さん」のこころを打つことを，世界市場での競争戦略のメソッドとしたのである。

　この戦略は，「ホンダ」という企業の顔を明確にすることに他ならなかった。つまり，揺るぎないホンダ・ブランドを創出することが，この時期に意識的に

展開されていったのである。

　ブランドに関するセオリーでは，企業のブランドが成立するためには，ターゲットとする人々の頭の中に，そのブランド名義の「預金口座」がきちんと開かれていなければならないと言われる[3]。

　これには，覚えやすいブランド・ネームや，印象に残るマークなどをそろえることが欠かせない。

　1980年代にホンダは，「ワンダーシビック」や「ヤング・アコード」といったオンリーワンの商品をつくるとともに，4輪のシンボルマーク（Hマーク）を一目でホンダとわかるように近代的なものにつくり直した。

　この新しいマークをF-1の復帰第1戦から用いて，以後それを順次，ホンダ車につけていったことは，「お客さん」のこころの中に，「ホンダ」という名の預金口座を開く大きなきっかけを与えたのである。著者は，この時期，ホンダ4輪のシンボルマークつくりにあたった。

　そのHマークは，それまでのものをベースに，著者が以前，本田宗一郎から教わった「〇△□」の考え方（□の持つ堅実さのイメージを基本としたうえで，時代の動きを良く見定め，〇の持つ円満さや△の持つ革新の要素をうまく混ぜ合わせること）に基づいたものであった。

写真5-1　「〇△□」の発想でデザインした「Hマーク」

　つまりHマーク全体の輪郭を，日本的な三味線をモチーフに，各辺に丸みのある張りを持たせた四角とし，それで「H」を囲む。これを立体のエンブレムとする場合，各部分の断面は三角にしたのだ（写真5-1）。

　こういった印象的なマークつくりからもわかるように，デザインという要素が，ホンダのクルマに強い存在感を醸し出すためのクリティカル・ファクター

第5章　デザイン・マネジメントの第三段階：ブランド形成戦略

となっていた[4]。

　このマークをつけた「シビック」や「アコード」といったホンダの4輪事業を支える量産モデルは，時代とともに変化する社会的ニーズ（環境，安全，資源）と，多様化する顧客ニーズによるモデルチェンジを繰り返してきている。

　こうした繰り返しの過程を経ることによって，ホンダのブランドは確立してきた。最初に「お客さん」のこころの中に「ホンダ」という名前の口座を開き，そこに「歓喜」や「興奮」といった独自のエモーショナル・バリューを振り込み続けてきたのである。

　これはとりもなおさず，ホンダが，デザインをキー・ファクターとして用い，ブランドが顧客ロイヤルティを定着させることができる強さを持った卓越した商品つくりを行なってきた証であった[5]。

　こうしたホンダの意図的なブランド形成戦略の契機を，河島喜好の「違いをつくり出そう」という企業指針に求めることができる。

　著者はそうした時期において，デザインのパワーを最大限に活かした商品を連続してつくり出すことで，ホンダ・ブランドの創出と，それを定着させる活動に携わってきた。

　そしてまたこの頃，デザインとは商品そのものであり，「企業の顔」であるという考えに至っている。

　第1章で触れたとおり，企業の顔とは，企業の総合力（従業員の資質や技術力，生産力，販売力，管理能力，経営陣の決断力など）によって，商品を顕現し，それを通じて「企業の考えるところ」を表明することである。

　本章では，このような企業の顔をつくる時期（1980年代）にあたる，ホンダのブランドつくりに焦点を当て，ホンダ・ブランドの形成にデザインが，いかに密接に関連しているかについてアプローチしていきたい。

I　デザインによる企業イメージの構築

1．スペシャリティ・カーのデザイン

写真5－2　プロダクトアウトの産物「初代プレリュード」(1978)

1978年に発売された，初代の「プレリュード」(写真5－2)は，日本におけるホンダのベルノ・チャネル設立のために，「アコード」クラスのスペシャリティ版として誕生する。

しかし，この「プレリュード」が，若者たちの支持を集めて新たなポジションを築き上げるには，4年後の，「2代目プレリュード」(1982年11月発売)の登場を待たなければならなかった。

1980年2月から始まった「2代目プレリュード」の先行企画検討において，著者は，初代に対する「ホンダらしくない」という不満を真摯に受け止め，いま一度「ホンダらしさ」というものを徹底的に追求しようとした。つまり，ホンダのスポーツイメージの再構築が図れるデザインを施そうと考えたのである。

その実現のために，スポーツカーのシルエットが持つ格好良さと，乗用車(アコード)の持つ実用性という，相容れない要素を兼ね備えたデザインを標榜した。

すなわち，こうした不可能命題とも言える矛盾と対峙し，それを乗り越えることによって，新しさや固有性が生み出せるのではないか，と期待したのである。

スポーティカーは普通の乗用車とは異なり，一目見ただけで「俊敏にして高

第5章 デザイン・マネジメントの第三段階：ブランド形成戦略

品位で本格的」だと感じ取れるような，エモーショナルかつセクシーなデザインでなければならない。そして生まれたのが，「パッと見て，グー」というこのクルマのデザイン・コンセプトであった。

このような考えをもとにして，原寸の線図上に描かれたのは，「初代プレリュード」よりも，ボンネットが100ミリも低いシルエットであった。低いシルエットは，車体を低くすることによって，重心を下げることと同時に空気抵抗を減らすことができる。

さらに，そのシルエットは何よりも，ミッドシップエンジンの本格的スポーツカーを髣髴とさせるものであり，誰もが，一目でスポーツカーだとわかるものであった。

ただしこれの実現のためには，エンジン高を100ミリ下げることが必須となる。ボンネットを低くすることで，エンジン以外にも，サスペンションやワイパーモーター，エアコンを含むインストルメント・パネルなどの機能部品までも，同時に下げざるを得なくなり，それらの処理は困難を極めた。

そのため「2代目プレリュード」の開発過程では，デザイナーとエンジニアたちとの間で激しい議論が続いたのである。

最終的にボンネットは100ミリ下がり，そのためにホンダの中核技術であるエンジンにまで手を加えて達成された「未来を予感させるロー＆ワイドフォルム」は，市場に強烈なインパクトを与えることとなった。

さらに，点灯時にホップアップするヘッドランプ（リトラクタブルライト）は，保安基準を守るために採用されたとはいえ，このクルマの最大の魅力になった

写真5－3　色気と洗練さを兼ね備えた「2代目プレリュード」(1982)

のである。

　このように性能とスタイルを両立させ，かつ色気のあるクルマをつくり出すことによって，人々のこころの中に，「ホンダ」という名でのエモーショナルな「預金口座」が開かれ始めたのだ。

　実際，この「２代目プレリュード」（写真５－３）の好評によって，不人気であった「初代プレリュード」を中心に据えて設立されたベルノ・チャネルは苦境を脱することができたのである。

　こうして「２代目プレリュード」は，日本のみならず世界市場に新しい息吹を与えていった。またこのクルマは，「企業の顔」つくりに大きく貢献し，ホンダにとって，「ホンダらしさ」の再構築が可能となったのである。

２．バリュー・クリエーション

　ホンダは，「２代目プレリュード」にホンダの独自性を盛り込み，「ホンダらしさ」を再び打ち出すことに成功した。次には，基幹機種である「シビック」についても，同様の「ホンダらしさ」が求められた。

　そこで，「ワンダーシビック」と呼ばれる「３代目シビックシリーズ」（1983年９月）の登場となる。

　このシリーズは，２ドアから５ドアまでの４バリエーション（すなわち４つの役割）を揃えることで，個性化する大衆のカーライフに幅広く応えるものとなっていた。

　同時に，ＦＦの特徴を活かしきったデザインによって，「２代目シビック」や競合他車に比べ，ユーティリティをはるかに向上させたものとなる。加えて，このシリーズの完成度は高く，「３代目シビック」の登場は，まさに「シビックルネッサンス」と言うべきものであった。

　このような「３代目シビック」の開発は，先行研究である超低燃費車[6]のデザイン検討から始まり[7]，デザイン検討は，日本の先行デザイングループとアメリカのロスアンゼルス郊外にある研究所・ＨＲＡのデザイングループとの異質併行方式によって進められた。

第5章　デザイン・マネジメントの第三段階：ブランド形成戦略

　超低燃費達成のためには，空力性能を向上させなければならない。がそのための，日米のデザインスタジオが追求するスタイリング手法には大きな違いが見られ，それにより，日本の先行デザイングループは自家用ジェット機をイメージした「エアロデザイン」を，また米国HRAは後方へスロープした「ロングルーフスタイル」を提示したのである。

　結果，先行デザイングループによる「エアロデザイン」のモチーフが採択された。そしてこのモチーフをもとに新たにデザインされたモデルは，後に「CR-X」（写真5-4）と名付けられ，「3代目シビック」シリーズの2ドアヴァージョンとして市場に登場する。特にアメリカにおいて，「小さなスポーツカー」として，若者からの絶大な支持を集めるクルマとなった。

写真5-4　エアロデザインによるスポーツカー「CR-X」(1983)

　一方，米国HRAによるロングルーフのデザインコンセプトは，和光研究所で始まっていた「シビック・3ドア」のデザインモチーフとして取り入れられる。

　そして，同時に進められていたエンジンルームのコンパクト化[8]や低ボンネット化技術[9]と相俟って，小気味のいいロングルーフスタイルを現実のものとした。

　その結果，短めの全長からは考えられないほどの大きな室内スペースを持つ，「ランアバウト」と呼ばれるにふさわしい，「ロングルーフ3ドアハッチバック」の完成につながったのである（写真5-5）。

　またこの時，和光研究所のデザイン室は3ドアの他にも4ドアと5ドアを担当し，それぞれのデザイン作業が同時に進行していた。

109

写真5-5　ランアバウトと呼ばれたロングルーフの「3代目シビック・3ドアハッチバック」(1983)

　そのいずれの箱の検討においても，ホンダの競争戦略である「他社の追随を容易には許さない'違い'の創出」が目指されていたのだ。つまり，ホンダという企業の顔をしっかりと定めて，ホンダ・ブランドを不動のものにするための製品開発が，徹底して行なわれていたのである。

　その結果，4ドアは，大衆車クラスのファミリーカーとしての居住性，傑出した好視界，大容量トランク，3ドアと同様の短く低いボンネットなどを持つ「ビッグキャビン」の「4ドアセダン」(写真5-6)となった。

　また，「シャトル」と名付けられた5ドアは，ショートノーズ／ロングルーフという空力デザインに，セダンとワゴンの良さを集約した「5ドアハッチバックセダン」としてその姿を現し，ビッグスペースを備えた，RV時代を先見する「ニューコンセプトカー」として登場したのである(写真5-7)。

　こうした日米のデザインチームによる異質並行と役割分担が，「3代目シ

写真5-6　「ビッグキャビン」の「3代目シビック・4ドアセダン」(1983)

第5章　デザイン・マネジメントの第三段階：ブランド形成戦略

写真5－7　ショートノーズ／ロングルーフという空力デザインによるニューコンセプトカー「シビック・シャトル」(1983)

ビックシリーズ」のデザイン戦闘力を引き上げる原動力になったのは言うまでもない。限られたデザインリソースを，個々のモチベーションを上げながら最大限に活用し，期待以上の成果に結びつけたマネジメントの成果である。

このように，個性明快な4バリエーションで展開された「3代目シビックシリーズ」は，1984年に，イタリアのトリノ市から「ピエモンテ・カー・デザイン・アウォード」を受賞した。つまり，デザインで世界一に輝いたのだ[10]。

かつてこの「3代目シビック」の企画を展開していた頃，著者は本田宗一郎から次のような叱責を受けたことがある。

「一貫目なんぼ（いくら）の仕事をしているんじゃないぞ。きみたち，それでもデザイナーか」，と。

この忠告を契機に著者は，「デザイン」とは何かと，真剣に考えるようになった。とりわけ「デザイン」は一種の「謀りごと」である，と考えた。

たとえば，第1章でも述べたとおり，200円分の材料にデザインを施して1,300円の商品として売ろうとする。これは安いものを高く売って儲けようとする「謀りごと」には違いない。

しかし，お客さんがその商品のデザインを気に入ってくれて，200円と1,300円の差額分を喜んで払ってくれるなら「謀りごと」ではない。それがデザインによる付加価値ということである。

つまりデザイナーとは「一貫目なんぼ」ではなく，「付加価値」をつくり出す者，言うならば「バリュー・クリエーター」であるのだということを，さら

111

には，その付加価値を喜んでくれる人のためにあるということを，著者は強く意識し始めたのである．

「ピエモンテ・カー・デザイン・アウォード」の受賞は，そうした「バリュー・クリエーター」が生み出したデザインに対する，最初にして最高の評価であった．

3．軽乗用車"復活"

ホンダは，採算の悪化を大きな理由として，「初代ライフ」の生産を1975年に中止して以来，長らく市場から遠ざかっていた．「ライフ」を生産する分の経営資源を，「シビック」のほうにシフトさせていたのである．

そうしたなか，1980年代の前半になって，軽の商用車を実際には乗用車として使う低価格のボンネット付きバン（いわゆる「ボンバン」）が，特に女性ユーザーからの支持を集め始めた．販売店からの強い要望もある．

そこで著者たちは，この「ボンバン」の検討を密かに進め，採算性という課題を克服して，軽自動車の復活が果たせるかどうかを探り始めていた．

こうした先行検討の結果，かつて「2代目プレリュード」や「初代シティ」の開発の際に試みた「機械部分の極小化」技術が，サイズに制限のある軽乗用車にこそ最も有効な技術ではないか，という考えにたどり着いたのである．

この技術を活かしてつくる新たな軽乗用車のエンジンには，手持ちの「アクティ」のもの（水冷2気筒360cc）を用いることとなった．

後輪駆動の商用車「アクティ」のエンジンは，後車軸前の荷室の下に置かれ，高さを抑える目的でシリンダーを水平に配置していた．これによりエンジン高は低く抑えられるが，トランスミッションを含めたエンジン長はかなり長くなっている．これをそのままフロントに置くのは到底無理であった．

そこでクランクシャフトを軸に，トランスミッションだけを回転させるようなレイアウトにすることによって，前後長や高さをコンパクトにできる見通しがつき，フロントへの搭載が可能となったのである．

そしてキャビン（室内レイアウト）については，2つの案が出された．ひとつ

第5章　デザイン・マネジメントの第三段階：ブランド形成戦略

は，パッケージ担当からの「屋根の高い居住性優先型のボンネットタイプ」であり，いまひとつは，外観デザイン担当からの「低全高のスタイル重視型の1BOXタイプ」であった。

　この時，デザインとコンセプトの方向付けをする立場にあった著者は，ホンダが軽乗用車を10年ぶりに復活させるということや，販売店からホンダに対しての期待などを熟慮したうえで，よりインパクトがあり，個性的なスタイルを持つ「低全高1BOXタイプ」を選んだ。

　同時に，そのクルマのイメージを開発チームに伝えるために，「全身是居住性」というキャッチフレーズ（ひとくち言葉）を，デザインコンセプトにつけ加えた。このひとくち言葉を含むコンセプトをチームが共有することで，低全高でありながらも，軽とは思えないほどの居住性を現実のものにしたのである。

　加えて，より画期的だったのはインテリアの部分であり，特にインストルメント・パネルのデザインにあった。著者はここで，大胆にも，インパネの「デザインをやめてしまう」というアイデアを示す。その真意は「常識に捕らわれたインパネのデザインをしない」ということであった。

　デザインをしないということは，つまり，室内のドア前方の両壁に直径約50mmほどのパイプを渡し，それを強度のメンバーとして柔らかなパッドで覆い，その上に必要最低限のメーターをのせるという，極めてシンプルなデザインを考えたのである。

　その結果，ユニークで機能的な「インパネ」が誕生した。このパイプ案は，開発工数を少しでも減らすための工夫であり，著者の苦し紛れの知恵から出たものである。その方法によれば，確かに，小さなメーターバイザーを新たにつくる程度の手間ですんだのだった。

　また，4分の1クレーモデルから1分の1（原寸）のモックアップモデルをダイレクトに製作したのもこの機種からで，時間や要員のない時ほど新しいアイデアが生まれる，という良きお手本となる。

　こうした独特のデザインが施された軽自動車は，「トゥディ」という名でマーケットに登場し（写真5-8，1985年9月発売），このクルマでホンダは，軽乗用

車のフィールドにおいて見事な復活劇を演じ，軽の顔をも取り戻したのである。

写真5－8　全身是居住性「トゥディ」(1985)

その年（1985年），ホンダは「トゥディ」をプリモ店で販売する一方で，ベルノ店には「インテグラ」を，そしてクリオ店には「レジェンド」を，それぞれ投入した。

つまり，「ピン」と「キリ」と，その「真ん中」という，全く異なったコンセプトを持つ3機種を，この時期切羽詰っていた工数（時間や要員）を乗り越え，同時に開発することに成功したのである。

そこで次には，この「インテグラ」や「レジェンド」などについて見ていくことにしたい。

II　デザインによるブランドの創出と定着

1．ヤングプレステージ・カーのデザイン

1982年11月，ホンダのオハイオ4輪工場において，「2代目アコード・4ドアセダン」がラインオフした。これは，ホンダが日本メーカーとして初めてとなる，アメリカでの現地生産を果たしたことを示すものである。

「2代目アコードシリーズ」(1981年9月発売)は，4ドアセダンと3ドアハッチバックで構成されていた。

このシリーズは，アメリカの市場要望で，基本のパッケージ・レイアウトが4ドアセダンを主体につくられたため，「初代アコード」に比べかなり大きな室内を持っており，これに伴い外形サイズが大きくなり，同時に排気量もアップしていた。

第 5 章　デザイン・マネジメントの第三段階：ブランド形成戦略

　その結果，派生の 3 ドアのほうも，4 ドアに引きずられてサイズが大きくなり値段が高くなってしまったことで，若者からの支持が得られないクルマとなっていたのである。

　アメリカン・ホンダがこの時期，ブランド力をさらに強くしていくためには，若いユーザー層を見逃すわけにはいかなかった。

　そこで企画をしたのが，アメリカの若者がプレステージを語れるクルマの創造，つまり 3 ドアの「ヤング・アコード」の開発である。この基本コンセプトは，ロスアンゼルス郊外にある研究所・HRA よりもたらされた。

　「ヤング・アコード」は，「3 代目シビック・4 ドアセダン」のプラットホームを用いながら検討が進められる。そしてここでは，かつて，「初代シビック・4 ドア」をベースにして，「初代アコード・3 ドア」をつくった時の経験が大いに活かされた。

　つまり，それまでの製品開発という実際の現場で学び取り，獲得したスキル（いわば「ルーティン」[11]）を状況に応じたかたちで発揮することで，このクルマの開発過程にスムーズさを与えたのである。

　そうした滑らかなものつくりのプロセスに支えられて，デザインにおいても新たな試みが取り入れられた。リトラクタブル・ヘッドライト（格納式）や，フラッシュ・サーフェイス[12]を考えたフルドア（一体型）などがそれである。

　このようなスポーティ・コンセプトに沿ったデザインによって，「ヤング・アコード」には，力強さと端正さがつけ加えられていった。

　このクルマは，ベルノ店で販売されていた小型乗用車「クイント」（1980 年 2 月発売）のモデルチェンジも兼ねるものとなり，バリエーションとして，5 ドアタイプも加わることになる。

　この時，「ヤング・アコード」には「インテグラ」と名付けられ，「2 代目クイ

写真 5 － 9　ヤング・アコード「2 代目クイントインテグラ」（1985）

115

ントインテグラ」（写真5-9，1985年2月発売）というスポーティカーとして登場することとなった。

やがてこのクルマは，3ドア／5ドアそろって，新しくアメリカで発足した第2の販売チャネル「ＡＣＵＲＡ（アキュラ）」の立役者として，そのブランド力の向上に貢献したのである。

2．サスペンションがデザインを変えた

1983年，ホンダは，「2代目プレリュード」を世界的にヒットさせており，また「3代目シビック」も好調なすべり出しを見せていたことで，「ホンダという企業の顔」が，社会的認知を確実にしつつあった。

そこでホンダは，この流れをとめることなく，ブランド力をさらに強化するために，「3代目アコード」（写真5-10，1985年6月発売）の開発に着手したのである。

「3代目アコード」といえば，発売されたその年の日本カー・オブ・ザ・イヤーを受賞し，なおかつ，'86欧州カー・オブ・ザ・イヤー選考において，日本車としては最高の4位入賞を果たしたクルマであった（いずれも1985年12月）。

開発チームのＬＰＬ代行だった著者は，直感的に「このクルマは'プレリュード・4ドア'でいこう」と考えたのである。

その考えに開発チームも賛同し，「ホンダらしいスポーティなセダンをつくろう，'2代目プレリュード'のように挑戦的にやろう」と，想いをひとつにしていた。

写真5-10　ダブル・ウィッシュボーン・サスペンション採用の「3代目アコード」（1985）

第5章　デザイン・マネジメントの第三段階：ブランド形成戦略

　この開発過程で課題となるのは，次のふたつであろうと著者は直覚していた。そのふたつの課題とは，一つは，このコンセプトを進めていって，果たしてファミリーカーとして充分な居住性が確保できるか，また一つは，リーズナブルな価格を設定するためのコストに抑えることができるかどうかという点である。

　いずれも，「2代目プレリュード」の時には，スペシャリティ・カーだからという理由で，多少なりとも大目に見ていたものだった。このふたつの問題を克服することが，「3代目アコード」開発の最も重要なサブジェクトとなっていたのである。

　「2代目プレリュード」は，若者をターゲットとしているために，ヒップポイント（シート座面の高さ）は極端に低いものとなっていた。低いシートや低い屋根は，たとえばお年寄りの乗り降りに際して苦痛を伴うこととなる。「アコード」はファミリーカーであるから，これでは困る。

　したがってパッケージ・レイアウトは，特にリアのヒップポイントを，乗降性を損なわずにどこまで低くできるかがカギとなった。

　また，低全高スタイルを実現するために，前後のシートを下げて，なおかつ居住性を確保しようとすると，自ずとホイールベースやルーフ長が伸びてしまう。これによって，ホイールベースは回転半径の大きさに，ルーフ長はシルエットのバランスに，それぞれ大きな影響を及ぼすことになった。

　このように，低全高を実現し，なおかつ居住性を確保しようとすると，次から次へと難題が生じてきた。これらを乗り切るために大きくサポートしてくれたのが，それまでの製品開発で蓄積してきたパッケージつくりのノウハウや，M・M思想に基づく様々な技術である。

　たとえば，乗り降りに必要なドアの開口部を確保するためには，かつてホンダが独自に開発した「モヒカン」が用いられた。「3代目アコード」では，この「モヒカン」を巧みに使った「4ドア用廉価型フルドア方式」が考案されたのである。

　こうしたフルドアが採用されることで，フラッシュ・サーフェイス（注12参

照)が可能となり，これがスタイルの「新しさ」を生み出すことができた。しかし前後のサスペンション方式に関してだけは，お手上げ状態と言うしかなかったのである。

　つまり，チームが考える「ダブル・ウィッシュボーン・サスペンション」は，コストを高める要因となっているという理由から，マネジメント・サイドからは代案として，よりコストの安い「ストラット・サスペンション」に切り替えることを求められていた。

　今回のダブル・ウィッシュボーンタイプの前後サスペンションは，スポーティな操縦性とファミリーカーとしての乗り心地を両立させ，その「際だった走り」が「3代目アコード」の新しい価値のひとつとなるように，特にこのクルマのために開発されたものである。

　しかしマネジメント・サイドでは，「際立った走り味が必ずしも新しい価値を生み出していない」との懸念が持たれていた。この懸念を払拭し，納得ゆく走り味をつくり出せたのは，開発チームの一丸となった「これしかない」という信念以外になかったと言ってよい。

　そして実際に，「ダブル・ウィッシュボーン・サスペンション」がこのクルマに採用されると，そこには「広い室内と，スポーティテイストのスタイルと走り」という，「新たな価値」を備えたクルマが姿を現したのである。

　そうした「ダブル・ウィッシュボーン・サスペンション」や「30mm低いボンネット」は，国内用のニューコンセプトカーであるロングルーフの「アコードエアロデッキ」（写真5-11，1985年6月発売）や，後に誕生したアメリカ用の

写真5-11　ロングルーフのニューコンセプトカー「アコードエアロデッキ」(1985)

第5章 デザイン・マネジメントの第三段階:ブランド形成戦略

「2ドアクーペ」といった,スポーティなバリエーションをつくる基礎をも提供したのであった。

これらは,デザイナーとエンジニアが,心をひとつにしてつくり上げたデザインの好事例である。

3. エグゼクティブ・カーのデザイン

1983年4月,ホンダはBL社（British Leyland社,後のRover社）と上級車種の共同開発に関する契約に調印した[13]。この両社による開発は,フィフティ・フィフティの関係で行なわれることとなる[14]。

この共同開発車の基本コンセプトは,「エグゼクティブクラスの4ドアセダン」と定められた。ホンダにとっては,「アコード」の上のクラスにあたり,BL社にとっては,「ローバー2000」のモデルチェンジとなるクルマだった。

こういった「エグゼクティブ・カー」は,その企業のアイデンティティを表すものでなければならない。そこで,このクルマのデザインを施すにあたって著者はまず,ホンダのアイデンティティを主張するための「何か」を見つけ出すべく検討を開始した。

徹底した彼我研究のすえ,このクルマの特徴を,F-1に通じるスポーティ・イメージである「速く走る」という一点に絞って,デザインコンセプトを練り上げていったのである。

このアプローチは,それまでの日本の高級車とは全く異なる発想であり,なおかつ,すでに「エグゼクティブ・カー」としての名声を確立している,ベンツやBMWとも異なった路線をとるものだった。

こうしてホンダチームは,スポーティさを強調するため,ルーフやボンネットを極力低くしたウェッジ・シェイプを採用し,独自のスタイルを完成させたのである。

こうして登場した「ロー&ワイドの台形フォルム」の上級セダン「レジェンド」（写真5-12,1985年11月発売）は,アメリカではヤングエグゼクティブから,その明確な主張が認められ大歓迎を受けた。

写真5-12 ロー&ワイドの台形フォルム「レジェンド」(1985)

そしてこのクルマは、米国におけるホンダの新設第2チャネル「ACURA」の「フラッグシップ・カー」となり、これまでになかった独自の「ニア・ラグジュアリー・カーの世界」を生み出したのである。

が一方で、日本市場では、トヨタの「クラウン」や日産の「セドリック」といった、「運転手付き」を前提とした高級車の牙城は崩れることはなかった。

これらとは一線を画して、いわば「ドライバーズ・エグゼクティブ・カー」を標榜した「レジェンド」ではあったが、発売当初から苦戦を強いられたのである。

そうした状況を見てある時、本田宗一郎はこう言った。

「レジェンドは、デザインが悪いから売れないんじゃないかね」、と。

というのも本田宗一郎は、「レジェンド」が売れない理由を次のように捉えていたのである。

・グリルがしっかりして立派だと、エンジンも立派なものが入っていそうな感じがするものである
・昔から、高級車にはしっかりしたグリルとメッキのモールと、それに高そうなエンブレムがつきものである

このように、本田宗一郎の目には、「レジェンド」のコンセプトである「スポーティでシンプル」ということが、「若者向きで貫禄に乏しい」ものとして映っていたのであろう。

これは、ホンダが得意とする「走りや燃費」、あるいは「スポーティなスタ

第5章　デザイン・マネジメントの第三段階：ブランド形成戦略

イル」だけでは，日本における上級車クラスの「お客さん」のこころを惹きつけることは容易ではないことを示していた。そこで著者は，徹底した「人間研究」の必要性を痛切に感じたのである。

「あくまでこれは参考意見だがね」と，本田宗一郎は告げたが，著者はこの時，高級車への一歩は厳しい，と感じていた。何より「原因がデザインにある」という指摘が，大きな壁としてデザイナーたちの前に立ちはだかっていたのである。

「レジェンド」の初めてのマイナーモデルチェンジで，このクラスに乗る日本のユーザー心理を考えたデザインが施された。

それは，グリルをヘッドランプと一緒にメッキモールでくるむことで，グリルが車幅いっぱいに拡がって見えるようにデザインされたものだった[15]。つまり，グリルとヘッドランプを一体にした「門構え」をつくったのである。

ダイカスト製のグリルが，ボンネットの幅いっぱいの大きなものとなった「レジェンド」ではあるが，それでも「クラウン」や「セドリック」と比べると，はるかにシックだった。結果として，このデザインはアメリカでは受け入れられず，日本の専用にとどまったのである。

が，この時の，フロント廻りに関する様々なデザインの試行錯誤は，後の「2代目レジェンド」（1990年10月発売），さらには「3代目レジェンド」（写真5-13, 1996年2月発売）のデザインへと確かに活かされていった。「体で覚える」とは，こういうことを言うのであろう。

写真5-13　重厚なボディデザインの「3代目レジェンド」（1996）

Ⅲ　デザイン・パワーの強化

1．達人からのデザイン・アドバイス

　1980年代中頃，著者は，ホンダの最高顧問である本田宗一郎，藤沢武夫のそれぞれから，「レジェンド」のデザインに関して，いくつかの示唆に富む視点を投げかけられている。

　まず本田宗一郎からは，「レジェンド」の前廻りをデザインしている時に，いきなりこう言われた。

　「マネをすんな」，と。

　フロントグリルというクルマの顔の部分をデザインすることは，極めて重要な作業である。それを真似事であると指摘された著者は，これを機会に改めて「真似る」とはどういうことかを真剣に考えるようになった。「真似」が，未だこうした域に達していなかったからこそ，「マネをすんな」との指摘を受けたに違いない。

　第1章でも述べたが，人は，幼い頃は両親，長じて先生や先輩の真似をしながら成長していく。また，「写生（自然のものをそっくりに写すこと）」や「模写（先人による優れた作品を正確に再現すること）」も，徹して真似をすることである。

　そうして懸命に真似事を繰り返していくうちに，「なぜ」，「どうして」と，その対象の本質に迫っていくことになるのだ。そして，いつしか「真に似る」ことができるのである。

　このように，優れた手本を真似て，それを身体で覚えるまで馴らしていくことが「学習」と呼べるものであると考えた。つまり「学習」とは，良い手本を見つけて，それをもとに習うことであり，その習いを重ねることによって初めて，基礎を身につけることができるのである，と。

　そのうえで，さらにそれを乗り越えて，ようやく個性というものがつくり出されることになる。著者はこうした考えをもとに，真似をしてもなお自らが出てくるものが「真の個性」であるということを知った。

第5章　デザイン・マネジメントの第三段階：ブランド形成戦略

また，本田宗一郎は，「レジェンド」の最初のモデルチェンジ作業に入っていた著者に，こう言ったことがある。

「デザインは感動だね。やっている者が感動できないようなモノは，ヒト（他人）を感動させられないよね」，と。

それ以来，この「感動」という言葉が，著者の心を支配するようになっていた。

ある「こと」や「モノ」に激しく心を惹かれ，さらにそれに対して強く驚き，あるいは喜ぶ。つまり，「感動」とは，このように心が動くことである。何事かに出会い（知），それに心惹かれ（情），さらにそれを心に決める（意）。この知・情・意という一連の「心」の動きこそが「感動」にあたるわけだ。

こうした「感動」という言葉の持つ意味を咀嚼することで，著者はデザイナーにとって一番大切なことは，「?!」，すなわち「何事にも常に不思議がる'?'心を持って，それがわかった'!'時は素直に感動すること」だという考えにたどり着いたのである。

一方で著者は，藤沢武夫から「レジェンド」の椅子のデザインに関して，次のような話を受けた。

「'レジェンド'はいいクルマだね。今はあれがないと，私はどこにも行けないんだよ。それから，もうひとつ，身体から離せないものがあってね。これなんだ」

と，見せられたのは一足の靴である。

「イタリア製でね。これがなかなか良くできていてね。これ，おまえさんにあげるから，切っても，ばらしても，好きにしていいから，これがなぜいいのか調べてみてくれないか」

つまり藤沢武夫は，イタリアの靴は履き心地が良く，しかも洒落ているとして，「レジェンド」のシートも，このように「気持ちのいいもの」であってほしい，ということを著者に伝えたのである。

そのイタリアの靴を持ち帰り，片方を縦にふたつ割りにしてみると，底が幾層にもなっていて，それぞれで硬さが違っていた。また，場所によって層の数

123

や硬さが異なっており，外見からはわからないところで手が込んでいる。

さらには，甲の部分の皮が非常に薄く，それを袋縫いのように二枚重ねにしているため，靴の内外が同じような感触となっていた。この重ね縫いが，履いた時に，靴が足の一部となるような心地良さをかもし出していたのである。

このように，機能を超えたところでのモノに対するこだわり方を，一足のイタリアの靴から著者は学びとった。「モノ」や「こと」にどれだけ深くこだわれるかということが，高級車への重要なアプローチとなることを教えられたのである。

2．極限キュービック・デザイン

1986年，新しく制定された軽自動車枠（排気量やサイズ）に基づいて，「2代目アクティ」（1988年5月発売）シリーズのクレーモデルがつくられていた。

「アクティ」といえば，それまで，軽トラック「TNアクティ」（写真5－14，1977年7月発売）がその力強さと信頼性によって，10年近く高い評価を受けてきている。この2代目ということで，開発チームには，よりいっそうの商品力（商用車としての性能やパッケージ，デザインなど）が求められていた。

しかしその頃，シリーズの中でも乗用車風の「アクティ・ストリート」が一番の人気であったため，開発チームはスタイリッシュな方向のデザインを追いかけてしまっていたのである。

この開発チームから，企画段階にある商品コンセプトとデザインの考え方について中間報告を受けた著者は，この時次のような意見を述べた。

写真5－14　軽トラックとしての力強さと信頼性を兼ね備えた「TNアクティ」(1977)

第5章　デザイン・マネジメントの第三段階：ブランド形成戦略

- 今回も先代同様，これから先10年間は売っていくのだから，チームの言う「グライダー方式」[16]で，という考えに賛成できる
- 技術のほうは，「お客さん」からのコンプレイン（要望）や問題点をよく聞いて組み立てられているので説得力がある
- しかし，コンセプトとデザインについては，このクルマが商用車であるということを忘れているように思われる
- もっと実用的であり，もっと普遍的（たとえば，大きい，広い，力強い，使いやすい，丈夫で長持ち）であって欲しい
- そのカギは，この手のクルマを使っている「お客さん（農家や商店）」を回って，使い方をよく見て，そして使っている人の話をよく聞くことである

　こうしたアドバイスに加えて，著者は自らの経験と直感に基づき，デザインを進めるにあたっては，まず軽自動車の規定サイズである「3200（長）×1400（幅）×1500（高さ）」の「四角い箱」を，粘土の塊でつくるところから始めていくことを提案した。

　このように，「四角」という方向付けの示唆を与えたのは，デザイン作業というものは，進むべきベクトル，あるいは解決すべき目標が定まればスピードが速まる，ということを，誰よりもよく知っていたからである。

　そのデザイン作業では，初めの四角い塊が，次第に全体として機能的なかたちへと変貌していった。そうして完成したのが，「2代目

写真5-15　キュービック・デザインの「2代目アクティ」(1988)

アクティ」(写真5-15)の「キュービック・デザイン」であった。

経験則に基づく的確な指示が,「キュービック・デザイン」という新たなデザイン・パワーを生み出し,そうしたデザインをはじめとする「総合商品力(コンセプト,性能,コストなど)」をつくり出すことに,大きく貢献したのである。

おわりに

本章で捉えてきたように,これまでデザイナーの育成と活用を行なってきたホンダは,こうしたデザイナーの能力が「違い」を生み出す(つまりは差異化の)源泉となるように,デザインに基づくブランド形成戦略を展開していった。

つまりデザイナーの育成と活用によって「シビック」「アコード」といった基本機種を確立した後に続いて,今度はそれを基盤として積極的にブランディングを図っていくことで,さらなる企業成長を試みていったのである。それが,1980年代におけるホンダのデザイン・マネジメントの大きな特徴であると言えよう。

こうした企業成長を確かなものに導くものが「デザイン」である,ということに深い理解があったところに,ホンダ・ブランドの揺るぎない確立(顧客ロイヤルティの創出など)のカギがあったというわけである。

こうした「デザインのブランドつくり」こそ,デザイン・マネジメントの第三段階にあたるものと呼べるだろう[07]。

1990年代に入り,ホンダは社長の久米是志のもと,「人と地球に'夢・ドラマ・発見'を」[08]という企業メッセージに基づく活動を行なってきた[09]。

つまり,「お客さん」に新しい夢を与え,そこで何かを発見してもらい,さらにはドラマを感じてもらえる商品をつくることで,「楽しさ,面白さ」の幅を広げることにつとめたのである。

これは,それまでに築いてきた明快で独創性豊かなホンダ・ブランドや,ホンダの良いイメージ(「スポーティな走り」や「都会的なセンス」など)を保ってい

第 5 章　デザイン・マネジメントの第三段階：ブランド形成戦略

くためのアクションであった。

　ブランドに関して，「パワー・ブランド（数あるブランドの中でも卓越した強さを持つブランド）には夢がある」と言われることがある[20]。ブランドから夢を感じとることができるということは，そのブランドがユーザーにとって，他の何にも替えがたい魅力を有しているという証である。

　ユーザーがブランドに感じる夢は，ユーザーそれぞれに，自分自身の夢を投影できるからであり，それはそのブランドによってのみ，実現されると期待するからである。

　ただ，そうしたパワー・ブランドは，反面，脆弱性を持っていて，その強さを保持し続けるのは極めて難しいものとなる。

　企業のブランドは，一旦定着すると，そのブランドに対してのユーザーの期待に，応え続けなければならなくなる。つまりユーザーは，そのブランドが自分の期待に，「いつでも同じように応えてくれる」ことで安心するのである。

　企業にとっても，ブランドを頼りにしていれば，それなりの商売ができるのであるから好都合であり，安心でもある。パワー・ブランドの持つ脆弱性がこうした「保守性の循環」であり，ブランドにあぐらをかき，我がままで移り気なユーザーに見放されて，業績不振に陥った企業の数は知れない。

　ホンダが1990年代に入り，こうした状況に陥った際に，久米社長の指導のもと，著者は，その局面を打開するために設置されたタスクチームのセンターに身を置くこととなる。

　この時著者は，ホンダという企業と「お客さん」をつなぐのは商品であり，その商品が持つ「ドキドキ・ワクワク」にあると捉えていた。そのためには単に物を売るのではなく，物の持つ意味的価値を売っていく方向へとマインドを転換していく必要がある，と考えていたのだ。

　そうしたトランスフォーメーションを行なうことで，「お客さん」が生活の中に求めている楽しさや面白さを，ホンダらしい商品で応えることができるようになるに違いないとも。

　これは，この先，企業が商品を介しながら「お客さん」とコミュニケーショ

ンし,価値観や情報を共有(ないし共感)していくことを一義とする時代になっていく以上,欠かせない企業進化の過程である。

そのためにホンダは,これまでに培ってきたチャレンジング・スピリット,先進性,フレキシビリティという持ち味をさらに発揮して,お客様からの共感度を限りなく早く引き上げる必要があった。

「お客様共感度」というのは,たとえば自動車で言うと,高性能車よりも楽しいクルマ,すなわち「いい夢,いい場所,いい時間」をつくってくれるクルマつくりに向かうことで獲得できる。

ただ,そういった商品を提供するには,企業自体が変わる必要がある。たとえば,これまでの馬車馬のような「それ行けドンドン」ではなく,

- 「オープンマインド」で事に当たり
- 商品開発は,生きた情報の流れを重視しながら
- 市場に柔軟に応えるために,客観的な評価を怠らず
- 世界の各マーケットへの商品投入は,重点的に行なう

などなど,様々な新しい考え方を取り入れながら,著者をはじめタスクチームは,1990年代,厳しい経営環境にあったホンダの4輪商品群の再構築に入っていった。

次章では,そうした1990年代においてホンダが,いかにして見事なまでに経営危機を乗り越えたかを,デザイン・マネジメントの視点から取り上げることにしたい。

そこには,ホンダマンとしてのデザイナーである著者が,本田宗一郎をはじめとする先人から,「手」,「頭」,「心」へと順々にたたき込まれ,鍛えられた商品マインドの発露を見ることができるであろう。

「心」は難しい。なぜ難しいか,著者は,動くからだと捉えていた。だからこそ面白いのだとも。心を定め,想いを高くして,人の心を動かすことの難し

第5章　デザイン・マネジメントの第三段階：ブランド形成戦略

さと楽しさを同時に感じていた時期である。

<参考文献>

『ＤＩＡＭＯＮＤ ハーバード・ビジネス』1981 Sep.-Oct.,「トップ・インタビュー　河島喜好　差ではなく"違い"で勝負」

岩倉信弥・長沢伸也・岩谷昌樹稿「ホンダの製品開発とデザイン―企業内プロデューサーシップの資質―」,立命館大学経営学会『立命館経営学』第39巻第6号, 2001年3月

岩倉信弥・長沢伸也・岩谷昌樹稿「ホンダのデザイン戦略―シビック, 2代目プレリュード, オデッセイを中心に―」,立命館大学経営学会『立命館経営学』第40巻第1号, 2001年5月

岩倉信弥・長沢伸也・岩谷昌樹稿「ホンダのデザイン・マネジメント―経営資源としてのデザイン・マインド―」,立命館大学経営学会『立命館経営学』第40巻第2号, 2001年7月

岩倉信弥・長沢伸也・岩谷昌樹稿「ホンダに見るデザイン・マネジメントの進化(1)：デザインの技術つくり」,立命館経営学会『立命館経営学』第41巻第2号, 2002年7月

岩倉信弥・長沢伸也・岩谷昌樹稿「ホンダに見るデザイン・マネジメントの進化(2)：デザインの商品つくり」,立命館経営学会『立命館経営学』第41巻第3号, 2002年9月

片平秀貴著『新版 パワー・ブランドの本質』ダイヤモンド社, 1999年

Loasby, B. J., Equilibrium and Evolution : *An exploration of connecting principles in economics*, Manchester University Press, 1991.

嶋口充輝・竹内弘高・片平秀貴・石井淳蔵編『マーケティング革新の時代③ ブランド構築』有斐閣, 1999年

吉田惠吾著『共創のマネジメント―ホンダ実践の現場から』ＮＴＴ出版, 2001年

---

(1) 本章は,岩倉信弥・長沢伸也・岩谷昌樹稿「ホンダに見るデザイン・マネジメントの進化(3)：デザインのブランドつくり」,立命館大学経営学会『立命館経営学』第41巻第4号, 2002年11月 をベースにしている。

(2) 『ＤＩＡＭＯＮＤ ハーバード・ビジネス』1981 Sep.-Oct.,「トップ・インタビュー　河島喜好　差ではなく"違い"で勝負」5～9ページ参照。

(3) 片平秀貴稿「ブランドをつくるということ」,嶋口充輝・竹内弘高・片平秀貴・石井淳蔵編『マーケティング革新の時代③ ブランド構築』有斐閣, 1999年所収, 5ページ。

(4) たとえば「3代目シビックシリーズ」では, グリルをなくすという「グリルレス・

フロントフェイス」によって，このシリーズのデザイン・ポリシーを統一し，コンセプトを主張しやすくした。
(5) これに関して，大塚紀元（「初代シビック」開発時のインテリア・デザイン担当者）は，「ブランドをつくる行動とは，いかに人々に尽くすことができるかということ」であると捉えている（大塚紀元稿「日本で生まれてアメリカで熟成 ホンダ"ＵＳアコード"」，石井淳蔵編，前掲書2 所収，176ページ）。これは，デザインの奉仕性を示すコメントであると言える。
(6) 高速道路と市街路の平均燃費が50マイル／ガロン以上のクルマのこと。こうしたクルマは，アメリカからの強い要望によるものだったが，当時ではほとんど不可能な目標設定であった。
(7) この時の著者は，「3代目シビック」のＬＰＬ（Large Project Leader）の代行をつとめ，主としてシリーズを通してのコンセプトとデザインの領域を担当していた。
(8) エンジンルームの前後上下を縮小するという機械部分極小化の技術は，他社（他車）との「違いの核」として，「3代目シビック」の4つのパッケージ（3，4，5ドアと「ＣＲ-Ｘ」）をつくる際の「核技術」とされた。実際，「2代目シビック」と比べると，前後で約60ミリ，上下で約30ミリのエンジンルームの縮小が可能となった。そこで得られる寸法の余裕は，良好な視界と圧倒的な室内長の確保につながった。さらには，それぞれの箱が個性あるスタイルを生み出すための「デザイン代（自由度）」をつくり出した。
(9) 低ボンネット化技術は，ホンダが「2代目プレリュード」の開発において習得したノウハウであった。
(10) また，「シビック」の持つコンセプト（シンプルで機能的なこと）や，かたち（台形で，その角が丸くなった格好）は，青山のホンダ本社ビルの考え方や，外観にも取り入れられている。これは，本田宗一郎の四角好みと，藤沢武夫の丸好みを同時に叶えたデザインであると言われる。
(11) 企業進化論の見地では，ルーティンとは，「注意深く謀ったり，あるいは極めて何気なかったりする試みや誤りの過程によって，確立された解釈と行動のパターン」であるとされる（Loasby, B. J., *Equilibrium and Evolution : An exploration of connecting principles in economics*, Manchester University Press, 1991, p.65.)。つまり開発チームのメンバーそれぞれには，過去の「ものつくり」を通じて体得し，自らの中に貯めた知識（'learning by doing' によって得た暗黙知）があり，それを場面に応じて適切に用いることで，製品開発を円滑に進めることを支えたのである。通常，知識の量が多ければ多いほど，その人のスキルのレパートリーは豊富となり，その場その場でふさわしい対応ができる。

第5章　デザイン・マネジメントの第三段階：ブランド形成戦略

⑫　凹凸を，できるだけ減らそうとする車体構成のこと。たとえば，ボディ面とガラス面の段差を少なくして，空気抵抗を減らしたりする。
⑬　それまでのホンダとＢＬ社は，1979年の技術提携に基づいて，ホンダで開発中だった小型乗用車「バラード」（1980年8月発売）を，フロントデザインとリアデザインだけをＢＬ風に変えた「トライアンフ・アクレーム」（1981年10月，英国で発売）のＢＬ生産にホンダが協力する，という関係にあった。
⑭　当時の両社はどちらも約70万台の生産規模であった。
⑮　通常は，左右のヘッドランプの間に，独立したグリルを配置するという手法がとられる。
⑯　最初に高く「技術」を上がっておいて，ゆっくり永く「滑走距離」を下りていく，ということ。
⑰　デザイン・マネジメントの第一段階，第二段階は，本書第3章，第4章で示しているとおりのものである。
⑱　これについて，久米是志は，夢とは潜在意識のこと，ドラマとは創出の価値が広がる多彩なステージをイメージしているもの，発見とはひらめきのことだと言えると述べている（吉田惠吾著『共創のマネジメント―ホンダ実践の現場から』ＮＴＴ出版 2001年，3ページ）。
⑲　このフレーズを日本での企業広告用として販促部がアレンジし，次のような社会性と物語性のあるコピーとなった。
　「'人と地球にやさしい'，'移動することで人の心を解放する'，'交通という交流から新たな可能性をつくる'，こういう視点から，人と地球の新しい'夢'を追いかけ，そこで生まれる'新しい発見'から，新鮮な刺激や喜びを分かち合えたら。そして，新たな人と人との'ドラマ'が始まれば。何よりもクルマが好きなホンダだから。新しい発想と人と地球の未来を考えたいと思います」
⑳　片平秀貴著『新版 パワー・ブランドの本質』ダイヤモンド社，1999年，77～81ページ参照。

第6章 デザイン・マネジメントの第四段階：
デザイン・マインドによる経営⁽¹⁾

はじめに

　1990年代に入り，それまでの工業化社会から情報化社会への転換が急速に進み始めていた。情報化社会とは，目に見えない「情報」に，目に見える「モノ」と同等，あるいはそれ以上の価値を認める社会のことである。

　そうした社会においては，情報を選別し分析して，「新たな価値を持つ情報」として再加工することが生産の主眼とされる。こうした社会の到来において，長年デザインに関わってきた著者は次のように考えた。

　何らかの目的を持った有用な「モノ」をつくり，それらを活用し，その力を積み重ねることによって社会を豊かにしようとするやり方，つまり機能と目的を最大限に発揮できるような「モノ」のデザイン，というこれまでの考え方はもはや古くなった。こうした考え方に沿ってのみ行なわれるデザインでは，新しい社会に貢献することはできない。

　「モノ」が最大限の機能を発揮した結果，社会がどのような影響を受けるか，それが，人の心と生活を豊かにするか否かまでを見通したデザインをしなければならない。

　クルマにあてはめるなら，それ自体の性能やデザインを優れたものにしようというやり方ではなく，そのクルマを使って何ができるかという可能性を探り，それを最大限に満たすクルマを，デザインしようと考えるようになったのである。

　世界はパラダイムの転換点にあり，企業に対して，提供する「物（モノ）」がどのような「事（こと）」に結びつき，それがどれだけ人々の暮らしを豊かにで

きるかということが問われ始めた時期であった。

　自動車メーカーにとっては，人や物を効率良く移動させるというクルマの物理的機能を高めるだけではなく，消費財としての，クルマの記号性を明確にする必要に迫られることになったと言える。

　情報化社会の消費者が，クルマに求めるものは決して高性能でも高機能でもない。現在の自分の生活や将来の理想の生活，それに適合しその実現のために最適なクルマを求めるようになったのである。

　このような社会においては，人が選択し購入し所有する「モノ（商品）」は，持ち主の生活，性格，時として人生観までをも表わすことになるであろう。持ち主自身も，これらを主張できる商品を選択するようになる。無意識のうちに商品の持つ記号性を重視し，それを期待するということである。

　ただし，こうした商品の記号性が，スムーズに伝達され認識されるためには，それを発信する側と受信する側が，同じ「場」を共有していなければならない。「人と人」「物と人」「自然と人」の接触は，こうした共通の「場」で行なわれ，「モノ」や「知識，情緒，意志」も，そこで生み出されるものである。

　幾多の消費財の中にあって，住宅に次ぐ大きさと価格を持つ自動車は，社会に多くの影響を与える。さらに，社会の様々な「場」に移動し，様々の「場」を創出することになるのである。そうした場つくりが，クルマの新たな使命であるとされたのが，1990年代のことであった。

　1991年，ホンダの役員となった著者たちは，最高顧問である本田宗一郎から，就任の祝福とともに，「頑張ってくれよ」という激励を受ける。

　この言葉の響きに，新任役員たちはそれぞれに，卓越した彼の才能や強い意志といった力，そうした威力を授かる思いであった。

　本田宗一郎が倒れたのは，その数日後のことである。そして，再び起き上がることなく，一ヶ月あまり後に他界した。これによって著者たちは，本田宗一郎からの祝福の言葉を受けた最後の取締役となったのである。

　そして間もなく，日本はバブル経済の崩壊に見舞われたが，その後の厳しい状況を乗り越えるのに，本田宗一郎からの「頑張ってくれよ」という一言が計

第6章　デザイン・マネジメントの第四段階：デザイン・マインドによる経営

り知れないほど大きな力となった，と著者は感じている。

　また，こうした状況の打開に日々悶々としていた頃，社長であった久米是志が，品質管理で悩んでいた若い時代，当時の副社長藤沢武夫からもらったものだと言って，「成功のヒントは過去の失敗の泥ん中にある」という言葉を与えてくれた。

　著者は藁をも縋るような気持ちで，ホンダがそれまでやってきたこと，自分が歩んできた道を振り返ってみたのである。

　本章では，こうした1990年代の初頭から中盤までにポイントを定め，この時期に置かれたタスクグループ（4輪企画室）[2]の責任者，ならびにそれが発展した4輪事業本部での商品担当役員として，ホンダのクルマつくりや商品戦略つくりに，著者が，いかにデザイン・パワーを発揮したかを捉えることで，デザイン・マネジメント研究への示唆を引き出してみたい。

I　「こと」の時代に向けたデザイン

1．明るく，楽しく，前向きに

　1990年，ホンダは，完成度の高い「ワンダーシビック」となった「3代目シビック」(1983年発売)，世界からの高い評価を受けた「4代目シビック」(1987年発売) に続く，「5代目シビック」の開発にあたっていた。

　開発チームの「ワイガヤ」の場に呼ばれた著者は，そこで若いデザイナーたちから，クルマの絵ではなく1本のビデオ・テープを見せられたのである。テレビ画面には，派手な音楽の流れるリオのカーニバルが映し出された。

　「今回の'シビック'は，これ（サンバ）でいきたいんです」

　若いデザイナーが言うには，これまでの「シビック」は，理詰めでつくられてきた，これからの世の中は，行き詰まって暗くなるはず，だから，理屈抜きでパーッと明るくやるべき，ということであった。

　このプレゼンテーションは，「初代シビック」が登場した時代 (1970年代前半)

135

と比べて，若者の暮らしがすっかり様変わりしたことを示している。つまり，20年という時の流れの中で，若者の主な生活の場が，4畳半のアパートからワンルームマンションへと変わってきていることを的確に捉えていたのだ。

こうして，サンバとワンルームマンションという，開放的でフレンドリーなイメージが，「5代目シビックシリーズ」の基本コンセプトとなる。ホンダは，このクルマによって，「こと」の時代に向けた対応を確実に為し始めたのであった。

そしてこのシリーズが発売されたのは，1991年9月，つまりバブル経済が弾け，日本全体に暗いムードが漂う頃である。そうしたなかこのシリーズは，サンバのイメージを持つ「明るく，楽しく，前向きな」クルマとして，時代をリードし，その年の日本カー・オブ・ザ・イヤー大賞に輝いたのであった（写真6-1）。

またこの「5代目シビックシリーズ」は，新設されたタスクグループの初仕事とも言えるクルマである。

写真6-1　明るく楽しく前向きなデザインの「5代目シビック」

著者は，このグループが，これまで進めてきたS・E・D（営業，生産，開発）にQ・B（品質，コスト／収益）を加えた機能別と，日・米・欧・アジアという地域別の，何叉路もの，しかも立体交差の真ん中にある，と感じていた。

また，現場は「今」を行なうところであるのに対し，ここは「先」も考えるところである。「先」を考えるには「前」を知ることも求められるため，過去（前）・現在（今）・未来（先）のいずれをも取扱うことになった。

過去から現在には，情報ルートの迅速な判断による交通整理を行ない，現在から未来には，その交通整理から読み取ることのできる未来の在り方を提言することになる。

第6章　デザイン・マネジメントの第四段階：デザイン・マインドによる経営

こうした「交差点のお巡りさん」のような立場が，この機関の役目であると考えていた。そうした立場が次第に，「こと」の時代において重要な役割を果たし出したのである。

2．「一つ心」のもとに

「シビック」とともに，ホンダ4輪の基幹車種という重責を担う「アコード」も，この時期に，5代目に向けたモデルチェンジの検討が始められていた。

世界中のエキスパートが集まった最初のミーティングでは，最初の段階から，「こと」の時代へと入っていくための十全な討議が進められた。それ以前の討議では考えられなかったことである。

まず企業の外，市場に目を向けて考えると，円高が一段と進み，輸出環境が厳しいものとなっていた。そうした状況下で「アコード」を国際展開していくには，様々な課題を抱えることは必定となる。

たとえば，各国各地への対応で発生する作業工数の増大，最大の市場であるアメリカでの販売台数の確保，拡大したセダン市場を次のモデルチェンジまでいかに維持していくか，などである。

一方で企業の内に目を向けると，主として，高コスト体質の改善が大きな課題となっていた。「アコード」はモデルチェンジのたびに，大人ひとりの体重程度の重量増加と，それに伴うコストアップを繰り返していたのである。

これは，その理由の多くがユーザーの要望に基づくものではあったが，企業内での「調整」[3]に要するコストの増大という，組織の膠着によって引き起こされる問題もあった。一般に言われる大企業病である。

このような高コスト体質は，それ以前の製品開発の過程で，知らず知らずのうちに蓄積されてきたホンダの「商品つくり」の進め方や考え方によって，生み出されてきたのであった。

このままでは，新たに迎える「こと」の時代に到底マッチせず，国際展開にあたっての何よりの重圧になると考えられた。これまでのものつくり体制の負の遺産とも言える「調整コスト」の存在が，開発期間を延ばし重量やコストを

増やすことを助長していたのである。

そこでタスクメンバーは，まずはこうした体質を根本から見直すことで，重量とコストの低減にアプローチした。

それはまさに，経営史学者のChandlerがかつて，ＧＭなどの米国大企業のビジネス・ヒストリーには次の４つの段階（phases）がある[4]，と区分けしたうちの最後の段階における活動に値するものであった。

第１段階：経営資源の最初の拡大と蓄積
第２段階：そうした経営資源の活用の合理化
第３段階：経営資源のフル活用を維持するための新たな市場や事業への進出
第４段階：短期の市場需要の変動と長期の市場傾向の変動に対応して，経営資源を可能な限り効率良く動かすための新たな組織の展開

著者たちは，この第４段階にあたる「経営資源の再合理化」に向けて，「'5代目アコード'は，コスト・重量を上げずに時代進化させる」という，極めて高度な目標を設定した。

さらに，日・米・欧・アジアの各地域からの異なった要望に可能な限り応えていく，と定めた原則をもとに，「ひとつのクルマ」を世界同時進行でつくり上げることを試みたのである。

ハイレベルの目標を達成するには，世界中のＳ・Ｅ・Ｄ・Ｑ・Ｂが同一のマインドを共有していなければならない。この共有に少しでも齟齬があると目標の達成はおぼつかない。世界同時進行で「ひとつのクルマ」をつくるには，「一つ心」が必須であった。

「５代目アコード」は，まず日本では，５ナンバーから３ナンバーとなること，つまり「小型車」の枠を越えて「普通車」となり，ユーザーにとって税の負担が増えることを覚悟した。

第6章　デザイン・マネジメントの第四段階：デザイン・マインドによる経営

　アメリカのユーザーが求める室内の広さや快適性および走行性能は，日本のユーザーにも喜ばれ受け容れられるであろうと判断したのである。また，アメリカの安全基準や法規への対応を満たした基本仕様とすることなどが，「一つ心」のもとに置かれた。

　そうしたマインドセットがひとたびなされると，後は徹底したコストカットへの挑戦を行なうだけであった。そこでは，新規部品をつくらない，新規に生産設備や機械を導入しない，などといった思い切りの良い手段による開発および生産投資の減少を目指したのである。

　この時，著者たちが特に推し進めたのは，他機種との共通部品を多用し，以前からの部品を流用すること。こうした「共用」によるコストダウンの意識を，組織に強く徹底させることであった。

　こうした「共用」によるコストダウンを図ることは，若いエンジニアの不平不満につながりやすい。新しい部品の図面を描かないことが，彼らの腕の振るいどころを奪い，代わりに与えられた安い高性能の部品を探すという仕事が，創造性を欠いた作業と受け取られかねず，士気の低下が懸念されたのである。

　こうした点に配慮しながら，開発担当者に「共用」というやり方が，決して創造性に欠けるものではなく，既存の部品の新たな組み合わせによって，それまでになかった新たな価値を生み出すことができるという意識の改革を行なった。

　幾多の情報を選別し分析して，「新たな価値を持つ情報」として再加工することと同様である。協力メーカーには，開発の最初の段階から関わってもらう「デザイン・イン」という施策が併行して進められていった。

　協力メーカーが「下請け意識」に甘んじ，ひたすら注文どおりの仕様の製品を納入することのみに汲々としている限り，最終製品が目指すハイレベルな目標は達成できない。

　協力メーカーは「デザイン・イン」を通じて，納入した製品がどのような目的を持って，どのように使われるのか，要求されるコストや性能がなぜ必要であるのかを知ることができる。

「デザイン・イン」によって，協力メーカーにも，「お客さん」の心に直接飛び込んでいくという意識が芽生えた。自分たちの「お客さん」は親会社ではなく，世の中に暮らす様々な人々であり，「すべては，こうした'お客さん'のために行なっている」という考え方を育てることが可能となったのである。

単なる「コストダウン」と「性能の向上」のかけ声だけでは，協力メーカーの潜在能力を引き出すことはできなかったであろう。

こういった開発サイドや協力メーカーのコストダウンへの強い意識は，重量ダウンと見事に連動して，相乗効果（シナジー）を発揮することとなった。

写真6－2　「一つ心」でデザインされた「5代目アコード」(1993)

その成果の結実として登場した「5代目アコード」（写真6-2）は，「軽量化」と「高品質」を達成し，それまでの半分ですんだ開発投資によって，コストは目標をはるかに下回るものとなったのである。

このクルマは，特に北米市場で圧倒的な支持を受け，いわばホンダの4番打者として，その後4年間をベストセラーカーとして活躍した。

それは言うならば，高い目標のダイエットに向けて，食事はきちんと採りながらも，エクササイズによってシェイプアップした理想的ダイエットの結果を見せるに至ったということになろう。

著者は，こうしたフォルムをつくり出すことを可能にする「ものつくりの仕組み」を，「5代目アコード」の開発を通じて完成し，それによって，新たな「こと」の時代のデザインを目指そうとしたのであった。

この「5代目アコード」における「コストダウンと品質向上」に向けた体質の改善は，これに続く「オデッセイ」を開発する際のベースとなる。それを如実に示すのが，「オデッセイ」の設定価格であった。

レジャービークルとして他社の追随を許すことのない，充実した中身を持っ

第6章　デザイン・マネジメントの第四段階：デザイン・マインドによる経営

た「オデッセイ」の価格が，大衆ユーザーの手が届く範囲の，200万円を切るところ（販売当初で179.5万円）に収まったのも，「こと」の時代に適した商品つくりの仕組みが，ホンダに確かに根付いてきていたからに他ならない。

II　新時代ミニバン（RV）のデザイン

1．前進戦略に向けたナレッジ創造

　バブル経済の絶頂期の日本では，いわゆる「シーマ現象」[5]が起こり，豪華絢爛なクルマが市場の主流となる。その頃のホンダは，このブームに乗り遅れ，国内シェアは7〜8％にとどまっていた[6]。

　そうした状況下でバブル経済が崩壊し，突然に市場が冷え込んでしまい，ホンダにとっても，宣伝も値引きも効果を失って，冬の時代が訪れたのである。さらにホンダは，その象徴でもあるF‐1からの撤退が重なることで，周囲からは，「どうした，ホンダ」という厳しい批判が出始めていた。

　ホンダがこのような状態にあったバブル期からその後にかけて，自動車マーケットで売れ行きを伸ばしたクルマがある。それは，商用車をベースとしたワンボックスカーやジープタイプの，いわゆるRV（Recreational Vehicle）[7]であり，旧態依然たるセダンに飽きたユーザーの注目を集めていた。

　ホンダは，こうした市場の動きを充分認識していたが，そのラインアップにはRVのベースとなる小型商用車も，4輪駆動車も，さらにはディーゼル・エンジンもない，といった状況にあったのである。

　また，アメリカを含めた全工場の生産ラインは，屋根の低い乗用車のみを想定されており，RVのような背の高いクルマは生産できない状態にあった。つまり，市場ニーズを満たしていくための条件が，ホンダには全く整っていなかったのである。

　そこで，このような「経営資源のないないづくし」の状況をどのように打開し，市場ニーズに応じていくかについての検討が始められていた。

写真6-3　発電機エンジンのA型（1948）

写真6-4　ホンダ2輪の原点カブF型（1952）

写真6-5　大衆の足スーパー・カブ（1958）

そのなかで，これまでホンダが経験してきた成功や失敗を振り返り，それぞれに横たわる共通の事象から法則性を発見し，それを前進のための知識として共有していくという「一度立ち止まって，振り返る」作業が試みられたのである。

そのなかで著者が見出したものは，本田宗一郎が創業以来重視してきた大衆への視線であった。

「大衆」の概念は時代とともに変化する。創業当時の「A型（写真6-3）」「カブF型（写真6-4）」に始まり，「スーパーカブ（写真6-5）」「T360」「N360」「シビック」など，一部の例外はあってもホンダの2輪4輪汎用製品は，こうした時代ごとの大衆の暮らしに役立つことを目標としていたし，ホンダ自身，大衆車メーカーであることを目指してきたと言える。

著者は，「一度立ち止まって，振り返る」ことによって，ホンダが目指し続けてきたものが何か，さらにどのように開発上の困難を克服してきたか，それぞれの時代の市場にどのように受け容れられてきたか，などを再確認した。

これは，戦略的マネジメントの分析法として頻繁に使われる，SWOT分析[8]をなぞるものである。そうしたSWOT分析によって，ホンダの活路を見出す

第6章　デザイン・マネジメントの第四段階：デザイン・マインドによる経営

ことのできる有益な知識の創出が目指されたのである。

　現在のナレッジ・マネジメントの考え方によると，そうした知識に基づいて立てられる基本戦略は，次のふたつの種類に分けられる。

　ひとつは，現在の収益を守るために，現時点で強みとなっている経営資源（見える資産）や知識（見えざる資産）を用いることで，企業の弱みをカバーしていく「サバイバル戦略」である。

　また，ひとつは，将来の収益性を確実にするために，企業の強みとなる経営資源やナレッジを構築して，将来の弱みを最小化していく「前進戦略」である[9]。

　とりわけ「サバイバル戦略」に用いられる知識は，他社が模倣しにくく，代替がきかないものであり，「前進戦略」に用いられる知識は，ラディカルなイノベーションを起こし得るものであるとされる。

　これに従うと，ホンダの商品戦略が優れていたのは，「サバイバル戦略」に用いるためにつくり出した知識が，その先を見通した「前進戦略」にも「共用」できる知識であった，という点にある。

　ホンダが独自に創出した知識（いわばホンダがホンダのために生産した知識）の活用が，1990年代後半におけるホンダの劇的な復活のキー・エレメントとなり，「こと」の時代に首尾良く対応することを支えたのだ。

　このホンダの復活劇の先陣を切り，その後の活路（ホンダ車の在り方）を示したクルマが，クリエイティブ・ムーバー「オデッセイ」（写真6-6）[10]である。

　「オデッセイ」は，発売された年（1994年）に，RJCニュー・カー・オブ・ザ・イヤー，ならびに日本カー・オブ・ザ・イヤー特別賞という2大タイトルを獲得した（ともに12月）。一方で米国では，ベスト・オブ・ホ

写真6-6　多人数乗りセダン「初代オデッセイ」（1994）

ワッツ・ニューに選出された（10月）。

写真6－7　ライトクロカン「CR-V」(1995)

写真6－8　キュービック・スタイルの「ステップワゴン」(1996)

写真6－9　スポーティなミニバン「S-MX」(1996)

「オデッセイ」に続いて1995年には，ライトクロカンの「CR-V」（写真6－7)，1996年には，キュービック・スタイルのバン「ステップワゴン」（写真6－8)，スポーティなミニバン「S-MX」（写真6－9）といったクリエイティブ・ムーバーが次々と登場した。

このようにLCV (Life Creative Vehicle) シリーズの層は厚いものとなり，「RVのホンダ」と呼ばれ始めた。LCVシリーズは，「国内80万台」の達成に大きく貢献したのである。

それゆえに「オデッセイ」には，それまでのホンダの英知 (wisdom) が詰まっていたということである。つまり，ホンダ独自の豊富な知識がフルに活用されたのである。

2．「多人数乗りセダン」という領域の発見

　もともと「オデッセイ」の開発は，アメリカンホンダが米国市場で好評のミ

第6章 デザイン・マネジメントの第四段階：デザイン・マインドによる経営

ニバンを強く要望したことに始まる。こうしたアメリカ製のミニバンは，トラックの生産設備や材料部品を用いてつくるため，低コストでの生産が可能だったから，アメリカのメーカーにとっては「おいしい商売」であったのだ。

このような企業内外の要因（opportunities, strengths）を踏まえ，アメリカ製のミニバンと同様のV6エンジンを搭載した「レジェンド」をベースの検討が開始された。

しかし，この案は断念された。トラックベースのアメリカ製ミニバンの価格が2万ドル前後であるのに対し，高性能セダンであるレジェンドベースでは，どうしても3万ドル前後の価格になってしまうからであった。

その代案として考えられたのが，直列FF4気筒エンジン搭載の「アコード」をベースにする考え方である。

「アコード・ワゴン」にいろいろなユーティリティを加えていくことで，どこまで競争力を高めることができるか，どこまでアメリカのミニバンユーザーのニーズに応えたクルマになるか，という検討にポイントが置かれた。

デザインの目標として，商用車ベースの1BOXカーでは表現できない「エレガントなスタイルを追求していくことで，「先進的な1BOXスタイル」をつくり出すことに狙いが定められる。

こうした検討のために，「アコード・ワゴン」に100kg前後のウェイトを積み，アメリカ西海岸の様々な道で，走行テストが何度も繰り返された。

これと同時に，日米いずれの工場であっても，ラインの小改造で生産の見込みがあるかどうか，という調査も進められた。これらの実験や調査の結果をもとに，サイズと重量が定まったのである。

そうしてできあがったシルエットは，アメリカのミニバンより，ふたまわりも小さなものとなっていた。また，当時の日本で走っていた1BOXカーと比べると，屋根がかなり低いものとなり，それはまさに，ホンダ・オリジナルのミニバンの姿が現れていたのである。

ただ，この「低全高1BOXシルエット」を持つホンダ流のミニバンが，ようやく現実のものとなる可能性が出てきた時，それ以前より懸念されていた円

高傾向がよりいっそう激しくなっていた。

米国市場に輸出するには高価格過ぎる,というビジネス環境の脅威（threats）が生まれたのである。

他方,日本市場では,バブル経済崩壊後の自動車販売状況はさらに冷え込んでおり,ホンダにおいても,こうした状態を打破するために,ＲＶの投入が販売店から熱望されていた。

このように,開発途中で新たに発生した市場動向（threats, opportunities）を考慮に入れ,さらに検討を進めることで,ホンダ流ミニバンはアメリカではなく日本のマーケットを中心として,積極的に販売されることとなった。

だが,当初からアメリカを主要マーケットとして進めてきたモデルだけに,日本の販売の現場からの評価は,当時の日本における他社の１ＢＯＸカーの常識とされていた「ディーゼル・エンジン」[11]「スライディングドア」[12]「回転対座シート」[13]「高い天井」[14]という大きなセールスポイントとなる要素をすべて欠いていたことから,日本の販売現場からの評価はかなり厳しいものとなる。

できあがったモデルを,日本市場での販売予測調査にかけてみると,案の定「月に千台ほどしか売れない」という結果が示されたが,この調査は,「商用１ＢＯＸカー」のセグメントのユーザーを対象にしたものであった。

一方,このクルマを乗用車ユースとして,ワゴンやミニバンといったセグメントに対象を広げたもので調査をしてみたところ,なんと,「月に１万台近くは見込める」という予測がついたのである。

ここでホンダは,「オデッセイ」を「商用１ＢＯＸカー的ＲＶ（通称箱バン）」としてではなく,「多人数乗り乗用車（多人数乗りセダン）」という全く新たなコンセプトのクルマとして,「こと」の時代に応えていくという独自の事業機会（business opportunity）を見出したのだった。アダムスファミリーを起用したコマーシャルが,そのことを物語っていよう。

こうした新コンセプトの「オデッセイ」は,ホンダの販売チャネル[15]の枠を超え,総力を挙げて,どのチャネルでも取扱うという画期的な販売方法が採用されたのである。

第6章　デザイン・マネジメントの第四段階：デザイン・マインドによる経営

Ⅲ　デザイン・コンシャスネス

1．「普遍性」への挑戦

　ホンダが，ＴＱＣ（Total Quality Control）システムの導入を決定したのは，1992年のことである。この時期の日本メーカーは，バブル経済崩壊後の厳しい市場環境のなか，自らの生存をかけて，抜本的な体質改革を迫られていた。

　たとえば，日本を代表するトヨタは，高級車「セルシオ」を世に出し（1989年発売），その開発を通じて自社の品質管理を大きく変革し，大衆車の領域まで品質を高めることに成功していた。

　ＴＱＣは，ホンダではＴＱＭ（Total Quality Management）という独自の名称がつけられホンダフィロソフィに基づき，「次世代ホンダ」を築き上げることを目論見としたのである。

　こうした状況のなか，「6代目シビック」の開発が開始された。ＴＱＭのスタートにおいて，著者が最初に着手したのが，ＣＳＴ（CIVIC Strategy Team）[16]の設置だった。

　ＣＳＴでは，改めて「シビック」のユーザー像（もともとの「お客さん」，本来あってもらいたい「お客さん」）を確定する作業から取り組んでいったのである[17]。

　「6代目シビック」の開発と並行する「5代目シビック」のＭＭＣ（minor model change）作業にあたって，「5代目シビック」ユーザーの意見を聞き，いろいろな苦情やご意見をもとに，ＭＭＣと「6代目」開発の方向を考えるのがそれまでのやり方で，著者もこれがお客様志向だと信じていた。

　ところがＴＱＭの先生からは，「そのユーザーは5代目シビックの真のお客様でしょうか」と問われ，愕然としたのである。すなわち，買ってくれた「お客さん」が，必ずしも企画の際に目標とした「お客さん」とは限らない，ということに気づかされたからであった。

　クルマの性能や仕様は，デザインや品質までを含めて目標とするユーザーの満足を最大にするように定められる。自動車という商品は，価格，性能，使用

目的が多岐に渡り、かつ、それらに対応する様々なセグメントと、それぞれに属するユーザー群がある。

開発時に目標としたセグメントの、ユーザーの満足や苦情といった意見をもとにMMCが進められるが、そうしたユーザーが当初目標としたものと異なっていたなら、その意見は不的確なものになる。

たとえば、不景気を背景に、心ならずも一段低い価格帯のクルマを選ばざるを得なかったユーザーは、本来別のセグメントに属しているから、そのクルマへの不満が多いのは当然である。だから、こうしたユーザーの意見を鵜呑みにして、そのまま採り入れることは「お客様志向」とは言えない。

もちろん、こうした意見が示唆に富み、新たな開発の助けになることも多いから決して軽視できないが、やはり企画の際に目標としたユーザーの要望は最も重視されるべきである。

このようにして確かな「お客さん像」を絞り込み、その「お客さん」が本当に必要としているものは何かを見定め、それ以外は一切手をつけない、という思い切りの良い製品開発が試みられた。そうすることで、オーバークオリティ（過剰品質）になっている部分を削ぎ落とすことができるからだ。

そのポイントは、「絶対に外せない品質はすべてを」と、「それほどでもない品質はここまで」という考え方に的を絞ることであった。この考え方に基づいて、ふたつの「品質」の区別が、社内のどの部門であっても明確に判断できるようになったのである。

さらには、そうして分けられたふたつの「品質」がキーコンセプトとなって、共通の目標を持つことや、その目標に向けての達成手段を全社的に考えていく、といった企業総合力の発揮につながったのだ。

このように、ホンダ独自のTQMを通じた、全社一丸となった取り組みで、「6代目シビック」の開発は進められていったのである。そして、「超・シビック」というキーワードがチーム内で共有された。

要するに、「シビック」のライバルは、他社のどのクルマでもなく「シビック」である、ということだった。この「超・シビック」というコンセプトを受

第 6 章　デザイン・マネジメントの第四段階：デザイン・マインドによる経営

け，著者は若いデザインスタッフを集め，次のような話をしたのである。

「質とは見えないもの。だが，見えないまでも，それが感じられるクルマにしようではないか。そうすれば，世界中の人たちが，皆，同じような質を感じ取れる。そんな普遍的な質をつくろうよ」，と。

これは，「超・シビック」が，これまでの「シビック」を「質」で超えることである，ということを示したものだった。

つまり，ホンダがそれまで得意としてきた「スポーティ」や「軽快さ」は，クルマの属性を定めるには重要な要素ではあっても，必ずしも「質の高さ」を表してはいないのである。

クルマの「質」は「信頼性」や「安心感」などによって高められるものであり，それらはクルマにとって不可欠な「普遍的質」である。これを備えたクルマが開発できた時が「超・シビック」の完成なのだ[08]。

「普遍的な質」を追求し，「超・シビック」を目指すため，開発チームは再検討を行なった結果，「'初代シビック'に帰る」という考えにたどり着いた。これを受けて著者は，「初代シビック」ができあがるまでの過程について，次のようにコメントした。

- ホンダは，「バタバタ」と呼ばれたエンジンつきの自転車から始まり，これは本田宗一郎が，買出しに行く奥さんのためにつくったと言われている
- この後に「スーパーカブ」が登場，これは蕎麦屋の出前持ちのためにつくられたと言われている
- これに続く軽自動車のスポーツカーやトラックといった4輪は，「大衆の夢と現実を両の手に」という思いのもとにつくられたと言われている
- さらに，これに「N360」や「TN360」が続き，これらのクルマで大衆の心をつかむことができ，そうして「お客さん」になっていただいた人たちによって，「4輪車メーカーＨＯＮＤＡ」は支えられている

- 「そこ」にこそ，「初代シビック」が登場した原点がある

　開発チームは，こうした「初代シビック」までの過程を大きな手がかりとし，「原点に帰る」ということをキャッチフレーズに置いた。大衆への視線を忘れず，そして，誰が見ても「信頼感」や「安心感」を感じ取れるように，丹念にかたちを練り上げていったのである。

　そうしたものつくりの過程は，まさに十数年前，著者が考え至った「かたちはこころ」という言葉が表すデザイン作業そのものであった。

　明解な視点を持ち，未来志向で，先見性がある企業のことを「ビジョナリー・カンパニー」[19]と呼ぶ。こうした「ビジョナリー・カンパニー」にとって最も重要なことは，「基本理念（core）を維持し，進歩（progress）を促がす具体的な仕組みを整えること」[20]であるとされる。

　これに沿って，著者自らが体験してきたホンダ史を捉えるならば，ホンダは，「すべては'お客さん'のために」というコンセプトを基軸としている。

　その実現を目指して，ホンダは時代や世代ごとに求められるデザインの「場」を創出し，さらにデザイン・パワー溢れる商品（著者にとってはクルマ）開発のための「ワイガヤ」や「異質並行方式」といった独自の手法を次々と生み出してきている。

　その商品のデザインが普遍性を備え，先進的であり，さらに社会に奉仕できる可能性を持ったものであることを目標としているのだ。

　このようなデザインへの強いコンシャスネス（意識）こそ，ホンダという企業が「ビジョナリー・カンパニー」としての資質を備えることを可能にし，また幾度となく襲ってきた経営危機を乗り越えた強力な「企業生命力」の源となっているのであった。

　「6代目シビック」（写真6-10）も，やはり基軸から離れず，なおかつ進歩を促がすために，明確なデザイン・コンシャスネスのもとにかたちづけられ，世に出ていった商品である。

第 6 章　デザイン・マネジメントの第四段階：デザイン・マインドによる経営

著者は，このクルマに対する「質感が高い」，「安心感がある」，「高そうに見える」といった評価はＴＱＭがその力を充分に発揮した結果であると考えた。

写真 6 －10　普遍的な質を追求した「6 代目シビック」(1995)

さらにそれは，「お客さん」という原点に戻り，その「お客さん」の姿をはっきりと捉えて，開発者（つくり手）が心を一つに合わせることに他ならない，とも感じ取っていたのだった。

2．世界と地域，全体と部分の調和

1997 年 9 月，正統派セダンと称される「6 代目アコード」(写真 6 - 11) が市場へとすがたを見せた。このクルマの開発が，著者にとっては最後の大仕事となる。

それまでの「アコード」においても初代から歴代にわたって，様々な立場で携わってきた著者は，今回は 4 輪事業本部の商品担当役員として関わることになった。

もともと「アコード」は，かつて「初代ライフ」が「初代シビック」を生み出したように，「シビック」から生み出された機種である。

「アコード」という名前を世に認知させた「初代」，アメリカで生産を開始した「2 代目」，世界中で高く評価された「3 代目」，二刀流（横置き 4 気筒，縦置き 5 気筒）をとった「4 代目」，それま

写真 6 －11　グローバルカー「6 代目日本仕様アコード」(1997)

での無駄な贅肉を削ぎ落とし，ダイエットに成功した「5代目」。

どの「アコード」をとって見ても，その時代時代に寄り添うかたちでデザインがなされており，それによって世界中に多くの「お客さん」を持つことに成功していた。そうした「アコード」の歩みは，地道なステップバイステップと，飽くなき先進への挑戦の歴史をなぞるものである。

こういった歴代の敷石の上に，新たな息吹を吹き込むべく着手されたのが「6代目アコード」の開発であり，当然のことながら，北米における，現状の40万台の生産と販売を保障することに主眼が置かれた。

ライバル各社に対抗する商品戦闘力としては，やはりデザイン・パワーが大きなカギを握っていたのは言うまでもない。

一方の日本のマーケットでは，セダン系の衰退が著しく，このタイプがメインとなる「アコード」の困難な状況が予想された。好評であったスポーティな「アコード」ブランドの再構築を図るためには，ユーザーにアピールできる何らかの特徴が是非とも必要であった。

そこで，好評であったスポーティな「3代目アコード」の「スポーティさ」にならって，「見るからにスポーティなデザイン」を標榜したのである。

こうした日米の「アコード」の開発に臨む開発チームには，基本技術を共通化し，開発投資額は前モデルの範囲内に収めつつコストを20％削減する，という厳しい課題が与えられた。

そこで，開発チームは，「売れるところでつくる」ということをポリシーの基本とし，これまで狭山工場でつくっていたインスパイア系に，アメリカ用アコードの横置きV6エンジンを搭載してオハイオ工場でつくる，次いでオハイオ工場の「アコード・ワゴン」は，日本用アコードのバリエーションのひとつとして狭山工場でつくるという，日米工場での生産機種のコンバート（交換）を決断したのである。

また，商品戦闘力を担うデザインについては，まずアメリカでつくる「アコード」は，日米デザイナーの「共創」による作業や，現地での徹底したクリニックを経て，アメリカンテイストの強いデザインとなった。

第6章　デザイン・マネジメントの第四段階：デザイン・マインドによる経営

そしてこのアメリカのデザインは，アジア・大洋州の「アコード」にも採用されたのである。

一方ヨーロッパモデルは，基本パッケージこそ日本の新しい「アコード」と共通になったが，外装のデザインは欧州専用とし，ＨＲＥ（Honda R&D Europe）で進められていたソリッド感（固まり感）のある，主張の強いデザインが採用された。

内装デザインは，日本用の「アコード」をベースに，欧州ユーザーの好みを取り入れたしっとりとしたデザインへと変更。そして「4ドア」「5ドア」のセダンが用意され，日米に1年遅れで立ち上がったのである。

このように，販売する地域に応じて仕様や装備，デザインなどを違えていくのは，ホンダの「グローバライジングとはローカライジングである」という一貫した考え方に基づくものだった。

それはつまり，「クルマの概念を共通化し，各地域（日米欧）ごとに最適化を図る」ということである。こうしたクルマつくりをするには，それらが必要とされる地域に住み，その土地の「暮らし」を肌で感じたうえで，地域独特の文化に対する理解を深めなければならない。

そうした目的でホンダは欧米に研究所を設け，日本から多くの研究者，開発者を派遣し駐在させ，また逆に海外からこういった多数の人達を日本の研究所へ受け入れている。

4代目から5代目にかけての「アコード」開発に際しても，日米欧の研究所が率先して，こうした考えのもとに，各地域ごとの「ベストファミリーカー」の在り方を模索してきた。

こうしたスタンスを早期にとっていたことで，「6代目アコードシリーズ」は，「モノ」から「こと」へという時代の変化にスムーズに対応し，世界各地の様々な文化と見事に調和（accord）したのである。

そして，世界と地域，全体と部分の調和，という難しい課題を乗り越えたのであった。ホンダは，そのような状態こそを，「グローカリゼーション」と呼ぶ。

153

おわりに

　本章で捉えてきたように，1990年代は「モノ」から「こと」の時代へと移り進んだことにより，企業には「場」をつくり出すような商品を生み出すことが求められるようになった。

　そうしたなか，ホンダは「シビック」や「アコード」といった基本機種を「こと」の時代に対応するために，デザインを最大のウェポンとしたモデルチェンジを行なった。それが，「5代目シビック」「5代目アコード」である。

　また，これに継ぐ6代目では，普遍性やグローカリゼーションを強く意識したデザインが施された。これによって世界の様々なシーンにおいて「こと」の時代をリードすることが可能となる。

　ホンダのデザインによる場つくりはそれだけにとどまらず，自らも新たな「場」を提案した。その担い手となったクルマが，「多人数乗りセダン」という新領域を創出した「オデッセイ」である。

　こうした「デザインの場つくり」は，デザイナーの育成，活用，デザインに基づくブランド形成戦略に続く，デザイン・マネジメントの次なるフェーズである「デザイン・マインドによる経営」を行なう企業のすがたを示している。

　商品という単体だけをデザインするのではなく，それが世の中に登場する時の状況までを見通したうえでのデザインを行なうには，企業全体にデザイン・マインドという空気感が必要である。企業がデザイン・マインドというウェアで包まれていなければならない。

　そうしたインハウス・デザイン・マインドとも呼べるものを組織に漂わせるような改革を行なうことで，その時代その時代に適合できる商品をつくり出していくこと。これが，デザイン・マネジメントの第四段階にあたるものと指摘できる[21]。

　このフェーズに向かうには多大な組織改革の能力を要する。しかしそれを行なえる企業にこそ，デザイン・マネジメントの進化が机上の空論ではなく，現

第6章 デザイン・マネジメントの第四段階:デザイン・マインドによる経営

実のものとして訪れるのである。

1997年,著者は,それまでの6年間に及ぶ本田技研工業との兼任業務を終え,研究所専任となったことを機に,改めて,「ホンダのアイデンティティ」とは,を考える機会を得た。

かつて本田宗一郎は世界を目指し,現在アメリカ・ビジネスで大成功をおさめている。だがホンダが最初に到達すべき目標としたのは,ヨーロッパのモーターサイクルであった。

英国「マン島」での2輪レース,ベルギーへの2輪工場進出などである。さらに言えば4輪の「シビック」も,ヨーロッパのFFコンセプトに学んだものであり,F-1レースもまた然りである。

ホンダが最初の目標としたヨーロッパのモーターサイクルの水準は,彼らの合理的精神に学び,それを理解して初めて到達できるものであった。

ヨーロッパの文化はヨーロッパの精神の産物であり,日本の文化もまた同様である。だが,特定の地域的精神や文化という観点で,自動車技術を論じるのには無理があろう。科学技術はこういった点で,まさに「グローバル」である。

しかし,著者が長年関わってきた商品つくりの観点から理解しようとするなら,自動車は極めて「ローカル」な社会的文化的商品である。ヨーロッパの車はヨーロッパの文化と精神の産物であり,日本の車は日本の文化と精神の産物と言える。

そうした産物が他の「ローカル」な文化に遭遇する時,それが肯定され受け容れられるとは限らない。確固たる文化的背景を持った「モノ」であるほど,否定され排除されるかもしれない。しかし,それを持たない「モノ」は,その存在すら認識されずに無視されてしまうことになる。

1980年代の中頃,ヨーロッパにおいて,日本のクルマが好評を得,そのなかでも特にホンダが日本企業としては珍しく,「顔の見える会社」として一目置かれたことがあった。

「3代目シビック・3ドア」や「初代CR-X」「2代目プレリュード」などが,個性的なヨーロッパ車群の中にあって輝き,そのスタイルと性能の独自

性を発揮することによって，ホンダ・ブランドが認知されつつあった頃である。

こうした日本メーカーの攻勢に危機感を持ったベンツやBMW，アウディといったヨーロッパ主要メーカーは，製品開発力を高めるとともに，企業を挙げて自社のアイデンティティの強化を図った。

ところがホンダは，こうした欧州メーカーの取り組みを座視せざるを得なかった。「顔」をヨーロッパに定着させるための資源の多くを，アメリカでの4輪生産に伴う販売網の拡充や，日米同時での販売チャネルの増加，ラインナップ強化などに投入する必要に迫られたからである。

その結果，現在ヨーロッパの地でのホンダのプレゼンスは決して高いとは言えない。それは，他の日本メーカー同様に惨憺たるものであり，特にドイツにおけるプレゼンスは芳しくない状態にある。

企業の「顔」や「アイデンティティ」は，それがどのようなものであれ，自らが明確に主張し，発信し続けなければ，社会に認知されることはない。異なる風土，文化の地においてはなおさらのことである。1980年代後半のホンダの状況はこの点で不運であった。

ドイツの「三大連峰」に，ベンツ，BMW，アウディをたとえると，ホンダはこれらとは明らかに「別の山」でありたい。それは富士山のように，世界一高くはないが，世界の誰が見ても，「美しい姿」を持つ「不二の山」のことである。

ホンダはヨーロッパに学び，アメリカで育った企業であり，ひたすら世界に通用する「ものつくり」を目指してきたが，その源はやはり日本の文化と精神に根ざしている。

それをアイデンティティとして主張できるなら，高さが世界一でないことを恥じることはない。逆に，これを確立できない限り，到底世界一を目指すことはできないであろう。

ホンダはこれらを省みながら，アイデンティティを確固たるものにするための目標を明確にし，「グローバル」な技術力を高め，多種多様の「ローカル」な社会と文化に適応できる「個有性」を磨いていく必要がある。

第6章　デザイン・マネジメントの第四段階：デザイン・マインドによる経営

過去から現在までがそうであったように，将来に渡っても，そのように「お客さん」のこころを清々しくいざなう企業であってほしい。これが，ホンダマンとして著者が残したメッセージである。

著者は，「ものつくり」の何たるかを知るために，手から学び，頭を鍛え，心を磨いてきた。そして今，それらすべてを使って，著者の考えるデザインは，まさに本田宗一郎の言う「気配」，つまり，目を瞑っていてもできるという世界，自らを超えて人に気を配れる世界，へ入ろうとしている。難しくも楽しい新たな挑戦が始まる。

小林秀雄が，著書『考えるヒント』の「言葉」の章で本居宣長を引き，「姿（ことば）ハ似セガタク，意ハ似セヤスシ」，について論じている。普通一般の意見とは逆である。「姿」すなわち，見えるもの外に現れるものは，独自のものではあるが容易につくれるものではない，という意味に，著者はこれを捉えている。

デザイン・マネジメントに即効の妙薬はない。デザインの一担当者から商品担当役員までの36年間の経験を通じて，敢えて言うとすれば，やはり「かたちはこころ」の一語を極めるに尽きる。

デザインに関わる個人そしてチーム，おこがましくは企業や国つくりと，大きさは違っても，意（こころ）と表（かたち）は同体で在りたい。「デザイン」が「意表」と訳されるのも，そこにある。

意と表を同時に高めるのは難しい。志を高く持って，心一つに，一歩一歩目標に近づく努力をする以外に，道はなさそうである。その努力を怠ると，一瞬にして水泡に帰すことを歴史が証明している。

<参考文献>

Andrews, K. R., *The Concept of Corporate Strategy*, Irwin, 1971. (山田一郎訳『経営戦略論』産能大学出版部，1976年)

Chandler, Jr., A. D., Strategy and Structure : *Chapters in the History of the American Industrial Enterprise*, The MIT Press, 1962. (三菱経済研究所訳『経営戦略と組織 米国企業の事業部制成立史』実業之日本社，1962年)

Chandler, Jr., A. D. and Daems, H., *"Administrative Coordination, Allocation and Monitoring : Concepts and Comparisons"*, in Law and the Formation of the Big Enterprises in the 19th and Early 20th Centuries, Edited by Horn, N./Kocka, J. ; Vandenhoeck and Ruprecht, 1979.

Collins, J. C. and Porras, J. I., *Built to Last : Successful Habits of Visionary Companies*, HarperBusiness, 1994. (山岡洋一訳『ビジョナリー・カンパニー 時代を超える生存の法則』日経ＢＰ出版センター，1995年)

岩倉信弥・長沢伸也・岩谷昌樹稿「ホンダの製品開発とデザイン―企業内プロデューサーシップの資質―」，立命館大学経営学会『立命館経営学』第39巻第6号，2001年3月

岩倉信弥・長沢伸也・岩谷昌樹稿「ホンダのデザイン戦略―シビック，2代目プレリュード，オデッセイを中心に―」，立命館大学経営学会『立命館経営学』第40巻第1号，2001年5月

岩倉信弥・長沢伸也・岩谷昌樹稿「ホンダのデザイン・マネジメント―経営資源としてのデザイン・マインド―」，立命館大学経営学会『立命館経営学』第40巻第2号，2001年7月

岩倉信弥・長沢伸也・岩谷昌樹稿「ホンダに見るデザイン・マネジメントの進化(1)：デザインの技術つくり」，立命館経営学会『立命館経営学』第41巻第2号，2002年7月

岩倉信弥・長沢伸也・岩谷昌樹稿「ホンダに見るデザイン・マネジメントの進化(2)：デザインの商品つくり」，立命館経営学会『立命館経営学』第41巻第3号，2002年9月

岩倉信弥・長沢伸也・岩谷昌樹稿「ホンダに見るデザイン・マネジメントの進化(3)：デザインのブランドつくり」，立命館経営学会『立命館経営学』第41巻第4号，2002年11月

小林秀雄著『考えるヒント』文春文庫，1974年

小林秀雄『真贋』世界文化社，2000年

久米是志著『「無分別」のすすめ』岩波書店，2002年

清水博編，久米是志・三輪敬之・三宅美博共著『場と共創』ＮＴＴ出版，2000年

von Krogh, G., 一條和生，野中郁次郎著『ナレッジ・イネーブリング』東洋経済新報社，2001年

山本七平著『日本資本主義の精神』光文社，1979年

吉田惠吾著『共創のマネジメント―ホンダ 実践の現場から』ＮＴＴ出版，2001年

⑴ 本章は，岩倉信弥・長沢伸也・岩谷昌樹稿「ホンダに見るデザイン・マネジメントの進化(4)：デザインの場つくり」，立命館大学経営学会『立命館経営学』第41巻第5号，

第6章 デザイン・マネジメントの第四段階:デザイン・マインドによる経営

2003年1月をベースにしている。
(2) 商品,営業,生産,品質,コスト・収益の5人の企画メンバー(役員クラス,ただし著者以外は現場の長を兼任)と,4人のRAD(機種開発統括責任者),そして10名ほどのスペシャリストで構成された参謀機能。この傘下には,現場に密着したSEDの各企画室がつながっていた。
(3) 「調整」は,マネジメントの領域では一般に,「各活動間の原材料や資金,サービスならびに情報の流れと業務とを計画化し,標準化する過程」であるとされる(Chandler, Jr., A. D. and Daems, H., "Administrative Coordination, Allocation and Monitoring : Concepts and Comparisons", in *Law and the Formation of the Big Enterprises in the 19th and Early 20th Centuries*, Edited by Horn, N./Kocka, J. ; Vandenhoeck and Ruprecht, 1979, pp.28－29.)。
(4) Chandler, Jr., A. D., *Strategy and Structure : Chapters in the History of the American Industrial Enterprise*, The MIT Press, 1962, p.385. (三菱経済研究所訳『経営戦略と組織 米国企業の事業部制成立史』実業之日本社,1962年,379ページ)。
(5) 日産自動車の高級車「シーマ」(1991年発売)に始まる国産高級3ナンバー車ブームのこと。
(6) また,年間販売台数も60万台を大きく割り込んでしまっていた。
(7) 当時の日本では,商用車(トヨタ・ハイエース,日産・キャラバン,三菱・デリカなど)をベースにした1BOXカー,もしくはジープタイプのオフロード車(三菱・パジェロなど)のことを指した。米国では,mini-vanないしSUV(Sports Utility Vehicle)と呼ばれるクルマのこと。
(8) 自社がどのような強み(strengths)と弱み(weaknesses)を持っているかという点を充分に探ると同時に,グローバル競争における機会(opportunities)や脅威(threats)といったビジネス環境を注意深く検討して,その企業内外双方の評価の接点に戦略を創造するための分析方法。この手法の基礎は,経営戦略論者のAndrews(1971)が示した「経済戦略(自社内部のユニークな経営資源を,企業外部に存在する事業機会につなぎ合わせるという創造的な行為から,製品や市場をつくり出すこと)」のコンセプトに置かれる。
(9) von Krogh, G., 一條和生,野中郁次郎著『ナレッジ・イネーブリング』東洋経済新報社,2001年,120～124ページ。
(10) 「ODYSSEY」とは,古代ギリシャのホメロス作と言われる大叙事詩のことであり,10年もの長い期間にわたる漂泊の物語である。このネーミングからも,ホンダのそれまでの英知にあふれたクルマであるというイメージを感じ取ることができる。
(11) ディーゼル・エンジンは,燃費が良いが,その反面,音や振動,黒煙の点で問題が

生じるため，ガソリン・エンジンが用いられた。

⑿ スライディングドアは，お年寄りや子供が扱いにくく，坂道での開閉では危険な場合もあるため，扱いやすく安全な，4枚のスイングドアが採用された。ここでは，「スイングドアならば，4人が一斉に各ドアから乗り込めるというところにメリットがある」というナレッジが創出され，活用されたのである。

⒀ これは，実際に使用される頻度が少ないということで，シートやスペースをよりスムーズに使えるように，格納式リヤーシート（3列目のシートをフロアに格納するもの）や，ウォークスルーシート（シートの真ん中に通路をつくって，自由に席が移動できるもの）に代替された。

⒁ 屋根が低くても室内を立ったまま歩くことのできるデザインが施されていた。また，屋根が低いほうが，重心が下がり，操縦安定性の良い乗り味をつくり出せるのであった。こうした乗り味（乗用車並みの快適性）は，開発チームがドイツのアウトバーン（速度制限のない高速道路）で徹底的に走り込むことで達成されていた。

⒂ ホンダの販売チャネルは，クリオ店（フォーマル），プリモ店（カジュアル），ベルノ店（スポーティ）の3つあり，商品の性格別に分けた専売化のもとで営業戦略が採られている。

⒃ この「シビック戦略チーム」のメンバーは，営業，生産，開発，品質，購買（コスト）の各部門から選りすぐられた一名ずつで構成されていた。その後，CSTは，Cの部分が'CIVIC'から'Car'に置き換えられて，「6代目シビック」の開発時の精神（「お客さん」という原点を第一に考えること）を他の機種にも拡げることが促がされていく。

⒄ こうした「本当のお客さん」の確定は，各部門がそれぞれに「真のお客さん像」を追い求めたうえで，それを一度持ち寄って徹底的に議論することから導き出された。こうした決定方式は，「関ヶ原（大喧嘩によって決めること）」と呼ばれた。

⒅ この状態を示すものとして，「文質彬彬（何事も，見えるところと見えないところが同じであることが良いこと）」という言葉がある。つまり，外見と中身（本質）が同じくそろって品格がある（上品である）ことが，優れたデザインなのである。英語で表すと「エレガント」となる，この「文質彬彬」という言葉を，著者は自らのデザインポリシーとしている。

⒆ 「ビジョナリー・カンパニー（Visionary Company）」は，①業界で卓越している（Premier institution），②広く尊敬されている（Widely admired），③この世界に消えることのない足跡を残している（Indelible imprint on the world），④50年を超える歴史がある（50+ year track record），⑤CEOが世代交代している（Multiple generations of CEOs），⑥製品やサービスのライフ・サイクルをいくつか繰り返している（Multiple

第 6 章　デザイン・マネジメントの第四段階：デザイン・マインドによる経営

product／service cycles），といった企業のことを指す（Collins, J. C. and Porras, J. I., *Built to Last : Successful Habits of Visionary Companies*, HarperBusiness, 1994, p.88. （山岡洋一訳『ビジョナリー・カンパニー　時代を超える生存の法則』日経ＢＰ出版センター，1995年，145ページ）。

(20)　*Ibid.*, p.89.（同上訳書144ページ）。

(21)　デザイン・マネジメントの第一〜三段階は，本書第 3 〜 5 章で示しているとおりのものである。

結　章　デザイン・マインドとデザイン・マネジメントの本質[1]

はじめに

　これまでの前4章を振り返ると，著者のホンダ人生は一口に言ってアッという間の36年で，無我夢中と言うか，気がついたらもう「おしまい」というのが正直なところである。

　この36年の間に著者は，係長，課長，部長という，いわゆるマネジメントというものをやった経験がない。これだけ長くやれば，大抵の人は何かそういう役をやるのだろうが，これはこれで著者の特徴でありアイデンティティでもある。

　では，何をやってきたのかと言うと，一貫して「商品つくり」，いわゆる「ものつくり」一筋であった。どんな「ものつくり」にも共通しているのは，なんと言っても「難しい」ということである。しかしその反面，この上もなく「楽しい」というのも事実であった。

　また著者の取り柄は，本田宗一郎には，ホンダの中でも一番数多く，しかも最後の最後まで叱られたのではということと，今回で7代目になる「シビック」の開発に，初代からいま売っているものまで，7代にわたっていろんな立場で深く関わってきたことだ。

　そうした「ものつくり」においては，企業のデザイン・マネジメントが進化する過程で欠かせない要素となるデザイン・マインドを養うことができた。そこで本章では，これまでの議論を再度，総括しつつ，このデザイン・マインドについての理解を深めることを試みたい。

I 「どん底」の中でのクルマつくり

1. 3つのピークをつくったクルマ

　1950年代半ば，ホンダの「スーパーカブ」が大ヒットした。このオートバイは50ccのモペットタイプで，クラッチレバーがなく片手運転ができるというので大変評判になった。この成功によって，他社もこれに追随してきた。街中この手のバイクが走り回り，Y社のカブ，S社のカブと呼ばれるようになる。

　この頃ようやく日本にも意匠権というものが意識され始め，係争の結果，ホンダが勝利し，当時のお金で数億円，他社がホンダに支払う羽目になったのだが，本田社長はそれを受け取らない決定をした。

　これによって，かえってホンダの独創性が世に認められることになり，また同時に，社内にも独創性の重要さが強く意識づけられることとなる。

　また第3章で触れた次のようなエピソードもある。1960年代半ばのある日，「月に1万台売れる軽乗用車をつくるんだ」との本田社長の号令がかかった。

　そのころ日本で走っている軽乗用車は，スバル，スズキ，マツダ，ダイハツの4社全部合わせても月に1万台もいかない状態で，それをいきなり全部食ってしまうような企画とはどんなものだろうと胸が高鳴ったのを覚えている。

　新しく参入する場合，普通のマーケティング手法では，競争力の彼我比較をして，どの程度のシェアが取れるかを検証したうえで台数を決めるものなのだが，はなっからそんな様子はないようだった。

　このころの競合車は，どれをとってもエンジンは20馬力そこそこ，大人が4人乗ると後席は相当窮屈で，トランクはほとんどないに等しく，デザインも少々玩具っぽいものだった。しかも，それが40万円くらいで売られていたのだ。

　それに対して「N360」と名付けられたこのクルマは，馬力では5割増し以上の31馬力，大人4人がちゃんと乗れ，トランクも結構使え，デザインは車らしさとスポーティさを兼ね備えていて，しかもそれが30万円そこそこ（31万5千円）で売り出されたものだから売れないわけがない。

結　章　デザイン・マインドとデザイン・マネジメントの本質

　案の定，お店の前は，札束を持って並ぶお客さんで長蛇の列ができた。「プロダクト・アウト」の鑑と言えよう。

　こうした時期のホンダに入社して以来ずっと，著者は多くの新商品の開発に携わってきた。そのなかには，もちろんヒット作もあるが，そうでなかったものも少なくない。

　そして面白いことに，うまくいったりいかなかったりの波を，ほぼ10年の周期で繰り返してきた。また注目すべきことに，この3つの波には，それぞれにピークと言うか，「山」をつくるきっかけとなったクルマが登場する。

　最初のピークは「初代シビック」，次が「2代目プレリュード」，3回目が「オデッセイ」に始まる一連の「クリエイティブムーバーシリーズ」というわけである。

　これらのクルマの開発がどのようなものであったかということについては，すでに前章までで触れたとおりである。

　だいたい10年ごとになるが，驚くことにこの3つのクルマのコンセプトやデザインは，大ヒット商品という点では共通しているが，時代性と言おうか，それぞれに「およそ違う」，というところがポイントとなる。

　「山」の以前はいずれの場合も，「谷」と言おうか，まさしく「どん底」の状態であった。「初代シビック」の直前は，「4輪から撤退しようか」とさえ，当時のトップは思っていたと聞く。

　「プレリュード」の直前は，「ホンダらしさ」すなわち，企業の存在にとって最も大事な「アイデンティティ」がなくなったと言われていた。「オデッセイ」の直前は，バブル崩壊のもと，赤字転落かとかM社と合併だとか，「ホンダどうした」と責められていた。

　結局，これら「どん底」に共通して言えることは，「身のすくむような危機感だけがあって，お金，人手，時間の何もかもがなかった」ということだ。しかし今になって思うと，当時下っ端であった我々でさえ，「何とかしなければ」という熱い思いだけは働いていたような気がする。

　火事場の馬鹿力とでも言うのだろうか，「ないないづくしとは言っても，知

恵だけはあるぞ」と開き直って,「明るく,楽しく,前向きに」自分を奮い立たせてきたように思う。

そしてまた,これら「どん底」の中でつくったクルマには,学ぶべきところが多くあった。そして,そこではデザイン・マインドの進化(あるいは深化)も確認できるのだった。

2．デザイン・マインドへの目覚めと研磨

第4章で述べたように「初代シビック」の開発は,1960年代後半に開発した「H-1300シリーズ」の反省から始まった。

このクルマは「N360」の成功の後を受け,その上のクルマをということで800ccからスタートしたものの,東名をはじめ高速道路の発展をにらんで,アメリカで言う100マイルカー,いわゆる160km／hの高速で走るクルマへとエスカレートしていった。

独創性を追うあまり性能至上主義に走り,お客さんの使い勝手を軽視した商品開発になってしまっていたのだった。

「初代シビック」は1972年の発表だが,開発を始めた頃は,内にも外にもいろいろな出来事が重なり,経営陣は4輪から撤退しようとさえ考えていたほど,苦しい立場に立たされていた。

著者はちょうど30歳になったばかりの頃。当時オートバイではすでに,世界一のメーカーを誇るホンダだったが,自動車メーカーとしては最後発。会社の基盤はまだまだ弱く,この「シビック」の開発に失敗すると,企業の存続さえ危ぶまれるという状態であった。

自動車メーカーとして10年にも満たなかったホンダにとって,4輪から撤退かという「危機感」の中でも,開発に対する「情熱」は溢れていた。

しかし何をするにしても,開発費,人材,時間などすべてが「ないないづくし」の状況だった。当時はまた「公害」や「省エネ」ということが世間で話題になり始めた頃である。

これらを踏まえて我々は,ただがむしゃらに進むのではなく,「今の時代ど

結　章　デザイン・マインドとデザイン・マネジメントの本質

のようなことがクルマに求められているのか」また，そのためには「どのようなクルマが一番適切なのか」ということを，原点に立ち戻って懸命に考え抜いたのだった。デザイン・マインドに改めて目覚める時であった。

「シビック」の開発にあたり，研究所所長から「すぐ，鈴鹿のラインを見てこい」と言われ勇んで行ったわけだが，長い組立ラインに，我々が鼻高々でつくった「H-1300」がポツンポツンとしか流れていなかった。

「閑古鳥」が鳴いている，と第3章の最後で述べたが，さすがに青くなったのを今でも鮮明に覚えている。この光景を「見てこい」と言われたのだ。

帰ってきてからすぐに，30歳前後と40歳前のメンバーがそれぞれ数名ずつ，2チームの検討チームが編成された。エンジン，ボディ，艤装，足回り，走行テスト，材料テストのそれこそ我こそはと思っている連中である。

大ショックを受けて帰ってきた連中が，それでもお互いの夢を侃々諤々，喧々囂々，夜を徹し何日も激論を重ねた。そうしてできあがったそれぞれの案は，不思議にもほぼ近いものだった。この基本骨格をもとに，さらに2案のデザインが進められた。これが異質併行開発というものである。

この開発を通じて学んだことは，「既成概念を打ち破るような創造のエネルギーは，共通の目的を持った異質な人々が集まって，対等な仲間意識で，明るく事に当たることにより生まれる」ということを，身を持って知ったわけだ。デザイン・マインドは，この場で磨き上げられる。

逆境の中で，それを逆手にとったキーワードがいくつか生まれた。たとえば，短い全長で，どうしても流れるようなシルエットはつくれず，それを逆手に，見るからに「安定感」のある地面に吸い付くような感じの「台形スタイル」という呼び名が誕生する。

その頃の自動車業界では「小さな車」を考える場合，一般的に大きな車をいかに上手に小さくつくるかというアプローチだった。しかし，我々は「小さな車」にはそれなりの「機能」や「姿・形」があって然るべきだと考えたのだった。

「ユーティリティ・ミニマム」と名付けたこの考え方によって，「初代シ

ビック」はそれまでの日本車になかった，全く新しい「ベーシック・カー」の
コンセプトをつくり上げた。

　それが「FF2BOX台形スタイル」の「シビック」誕生だった。以降，他
社も同様なコンセプトによる車を続々と発表したから，この考えはきっと正し
かったのだと思う。今では，一般的に使われている「ベーシック・カー」とい
う言葉は，この時シビックのためにつくられたものだ。

　「このクルマのイメージは，アラン・ドロンではなくて，チャールス・ブロ
ンソンなんですよ」「白魚の手ではなくて，げんこつの手ですよ」という言葉
もあった。また，コストがかけられず機能部分しかついていないインテリアを，
「シンプルbutチャーミング」と名付けたりもした。

　こうした「初代シビック」は，ホンダが自動車メーカーとして，その後の飛
躍のための基盤をつくり上げたのである。それと同時にこのクルマに，著者の
デザイン・マインドの目覚めと研磨もあったのだ。

3．デザイン・マインドの昂揚

　その後，「アコード」をラインアップに加え，自動車企業としてのホンダは，
ファミリーカーのメーカーとしての社会的認知を確実なものとすることができ
た。

　しかし，ホンダは2輪専業のメーカーだった昔からレース活動が活発であっ
たこと，また，4輪事業のへの参入が小型スポーツカー・Sシリーズ
（500，600，800）であったこと等から，「スポーツマインド」の強い会社という
風土を持っていた。

　したがって，ファミリーカーだけでは飽き足らず，是非ともホンダらしいク
ルマをつくりたいという技術屋がたくさんいたのだ。

　このような技術屋たちの夢を実現しようとしたのが，1978年に発売された
「初代プレリュード」だった。ところがこのクルマは技術屋の「熱い想い」や
企業の「都合」が先行し過ぎ，ひとりよがりなものとなってしまった。

　そして，ホンダやこのクルマに期待するお客さんの気持ちから大きくずれて

結　章　デザイン・マインドとデザイン・マネジメントの本質

しまい，結果「ホンダらしくない」「古くさい」との酷評を得て失敗に終わってしまう。ここで，デザイン・マインドは昂揚することとなる。

　「83年モデルの2代目プレリュード」の開発は，初代の問題点を徹底的に洗い出すとともに，この分野のクルマに「お客さんがホンダに期待するものは何か」を，とことん研究することから始めた。

　そしてわかったのは，当たり前のことではあるが，お客さんは欲張りで「スポーツカーの格好良さ」と「乗用車の実用性」を「手頃な値段」で欲しいということだった。

　「ホンダらしくない」と酷評された我々にとってまずやるべきことは，もう一度しっかりとホンダの「スポーツイメージ」を構築することであった。

　当時は，ミッドシップ・レイアウトのスーパーカー全盛の時代だった。スーパーカーは誰が見てもわかりやすい「スポーツイメージ」を持っている。

　そのスタイルは重心を下げるためと，空気抵抗を減らすための低いシルエットを特長とする。走ることを一番の目的にするスポーツカーは，この低いシルエットを得るためにエンジンを前後車輪の中間に置く。

　ゆえに，後ろの席がとても狭いか後席なしの2人乗りになるが，ボンネットの中にエンジンが入っていないので，ボンネットは極端に低くできる利点がある。

　しかし，当時のホンダには量販できるミッドシップエンジンレイアウトの技術（F-1はミッドシップだったが）はなく，難しい排気ガス規制対応のために，高性能エンジンの搭載も難しい状況だった。そんななか，デザイナーたちはここぞとばかりに，スタイルで頑張る以外ないと考えた。

　そこで，スポーツカーのような低いシルエットを得るために，ボンネットを初代より100ミリも低くしたいと言い出したのだ。もしFFレイアウトでこれが実現すると，スーパーカーのシルエットとアコードの実用性を同時に手に入れることができる。

　その日から，こうした不可能命題とも言うべき「矛盾」との戦いが始まったわけである。むやみにボンネットを低くすると，エンジンやサスペンションが

飛び出してしまうし，エアコンなどの装置の置き場がなくなってしまう。

またインストルメントパネル（通称インパネ）も下にさがって，足の入れ場もなくなる。デザイナーとエンジニアとの激しいやりとりが毎日のように続いた。

結果，1982年に発売された「83年モデルの2代目プレリュード」は，全く新しいやり方でボンネットを100ミリ近く下げることができた。

エンジンを後ろに傾け，吸気系に新しいレイアウトを取り入れ，超小型のエアコンを新規に開発し，当時このクラスでは考えられないダブルウィッシュボーンという特殊なサスペンションを採用するといった，思い切った方法を採ったのだった。

この困難を乗り越えられたのは，クルマのコンセプト（第2章で言うところの「方向付け」）が誰にでもわかる明解さを持っていたことと，開発者の思いが「これしかない」という形で同じ方向に向いていたからだ。

MM思想（マンマキシマム，メカミニマム）は，こうしたなかから生まれ今もホンダのクルマつくりの中に生きている。

こうした「2代目プレリュード」での徹底的な取り組みの中から，「永く万人に好かれるというような普遍性と，時代に適合して未来を感じさせるような先進性と，それに人の幸せや社会に役立つというような奉仕性，この3つが，高次元でバランスしているものは，多くの人を魅了できる」ということを知った。

「いい加減」では人の心は打てないということだ。この頃には，デザイン・マインドの本質とは何かを意識しながら商品の開発を行なうようになっていた。

II 素晴らしいデザイナーとは

1.「真のお客さん」へのデザイン

第6章で取り上げた「オデッセイ」は,「冒険旅行」という気持ちを込めて名付けられ，1994年12月に発売された。このクルマの開発では,「初代シビッ

結　章　デザイン・マインドとデザイン・マネジメントの本質

ク」の時と同様に「困った時は，過去を振り返ってみる」，すなわち「温故知新」ということの大事さを，まずは知った。

　そして，この時の「どん底」から学んだことは，お客さんの「望んでいるであろうこと」のすべてを満たそうとしてきたこれまでのモデルチェンジのやり方では，到底，この難局は乗り越えられないということだった。

　「お客さんは誰なのか」を徹底的に絞り込み，そのうえで，お客さんが「確実に望んでいる」ことだけに焦点を合わせ，それ以外は勇気を持って切り捨てる決断力，また，それを裏付ける論理性を持つことが大事であった。

　この難題を前に威力を発揮したのが，この頃トップの判断で導入したＴＱＭ手法である。プランを立て（Ｐ），実行し（Ｄ），結果をチェックし（Ｃ），問題点を解決する（Ａ）。これを繰り返すことであった。

　このＴＱＭは「商品はそれに関わるすべての人々の，総合力でつくり出すものである。またこのような意識を，商品の営業・生産・開発に関わるすべての人が持たなければならない」という考え方から出発している。

　どんな職種でも仕事上で起こる様々な問題というのは，ただ単に「頑張ります」という意欲や気持ちだけでは絶対に解決できない。経験と勘と度胸だけでは，何かの問題があることはわかっていても，その問題が具体的に何なのかさえ把握できない場合すらある。

　「ＴＱＭ」を導入することによって問題点は何なのかがわかり，事実を提示することでどうすれば問題が解決し，目標が達成できるのかが明確になるのであった。この時の著者にとって一番勉強になったのは，ＴＱＭとは「お客さん」を明確にすることである，と教わったことである。

　クルマにとって当たり前と思われている品質のどの部分が，お客さんに必要とされ不要とされたのか，どんな点が好評あるいは不評だったか，さらに，こちらで設定したお客さん像が合っていたのかなどが，一つ一つ洗い出されていったのだった。

　この「オデッセイ」の開発と同時に進めていた「92年モデルのシビック」のＭＭＣにあたって，このクルマを買ってくれた人たちに意見を尋ねたことがあ

る。いろいろな苦情や意見をもとに，MMCの手段を考えるのがこれまでのやり方で，これがお客様志向だと信じていた。

それに対して，TQMの先生から，その人たちは「92年モデルのシビック」の「真のお客さんでしょうか」と問われて，愕然としたのを覚えている。すなわち，買ってくれたお客さんが必ずしも真のお客さんとは限らず，企画の時に定めたお客さんをチェックする必要があるというわけである。

この時の経験が，「96年モデルのシビック」のFMCの開発に大いに役立つとともに，オデッセイの開発に自信をつけた。

そしてもうひとつ大事なことは，「商品は，それに関わるすべての人々の総合力でつくり出すものであり，このような意識を，その商品に関わる営業・生産・開発のすべての人が持たねばならない」ということを学んだことである。

「オデッセイ」はこのようにして「お客さん」を絞り，「総合力」で，「知恵」を絞り出して生まれた。

「ないないづくし（ディーゼルがない，背が高くない，スライドドアがない，回転対座シートがない，RVのベースとなる商用車を持っていない，この車を流す工場がない）」でも，知恵を働かせば「ありありづくし」になるのだ，という自信を得た。これによって，デザイン・マインドもオリジナリティ溢れる揺るぎのないものとなった。

2.「おにぎり」デザイン

以上のようにしてできた3つのクルマは，どれをとっても，それぞれの時代に，「これまでにない」という冠詞（かんむり）をつけられて評価された。よほどのインパクトがあったのだろう。

いずれの場合も，同じようなクルマが続々と登場することになった。「初代シビック」の場合も，「2代目プレリュード」の場合も，「オデッセイ」の場合も。

「ものづくり屋冥利に尽きる」というのはこのことであり，成功しなかったものはよくよく見ると，積極的な冒険を避け，安全圏を狙ってデザインしたも

結　章　デザイン・マインドとデザイン・マネジメントの本質

のが多かったと感じる。

　そしてそうしたクルマには，誰も追いかけてこなかった。これは，開発の世界だけでなく，売りやつくりの世界でも，同じことが言えるだろう。

　一方，こうした成功と失敗の実体験を通じて言えることは，実は，成功している時ほど悩みは多いということである。人も会社も同じで一度うまく行き出すと，周囲の期待は高まるし，失敗できないと思いこみがちだ。

　その結果，慢心したり保守的になったりして下降線をたどることになる。いわばこれは人の業のようなもので，だから人は面白いのだが，企業としては面白いなんて言っていられない。この慢心との戦いが，最も難しいことなのだ。

　たとえば，「4代目アコードシリーズ」のデザインを進めている時のこと，本田宗一郎に一喝されて目が覚めたことがある。いきなり，「やい，きみたちは，腹へって死にそうな人を前に，ちょっと待っていてくれ，今，すき焼きの肉を買いに行って来るから，なんて言うのか」と。

　その頃1980年代の後半，日本の経済成長はとどまるところを知らず，誰もが豊かさに酔いしれていて，クルマに対する人々の嗜好も，より上級にラグジュアリーにと向かっていた。

　この頃ホンダは，「NS-X」,「4代目プレリュード」,「ビート」などスポーツカー路線で，より強力な「ホンダらしさ」を構築しようとしていたのだが，他社はこの傾向をいち早く捉え，上級小型車を続々投入し絶好調，シーマ現象という流行語まで飛び出した時代だった。

　こうした動きに手をこまねいて，ひとり出遅れてしまったことへの指摘だったように思う。著者なりにいろいろ考え，たどり着いた理解としては，次のようなものである。

　「やれ技術だ，性能だのと，頭でっかちになって，今，この瞬間，お客さんが本当に欲しいと思っているものを，素直に提供できていないじゃないか。先のすき焼きより，今のおにぎりだ」と。

　世の中のニーズに敏感でないデザイナーは失格だと言われたようで，「冷水を頭から…」のたとえのとおり，本当にこたえたのを覚えている。著者のデザイ

ン・マインドは，実際の「ものつくり」以上に，本田宗一郎の言葉に触れるにつれ，育てられているのだと改めて知る。

さて，その「おにぎり」だが，以来，著者は「ものつくり」とは，「お母さんのおにぎり」のようなものだと考えるようになった。母親が子供のためにおにぎりをつくる時，大抵の場合，材料はあり合わせである。

しかし，子供の好みは熟知しているし，手の大きさ，口の大きさ，食べ方まですべて知り尽くしている。そして，子供の食べている状況や喜ぶ顔を思い浮かべながら，堅過ぎず柔らか過ぎず，「心を込めて」にぎる。

だから子供は，母親のつくるものに絶対の信頼をおいているのだと思う。そしてそのおにぎりが，毎日のお弁当なのか，遠足や運動会のものなのか，何時何処で食べるのかによって，母親はおにぎりの種類とつくり方を変える。まさしくこれは，「マーケット・イン」そのものと言ってよいのかもしれない。

それだけではない。お母さんは日夜創意工夫をかさね，子供を驚かせてやろうと考えている。ある日の遠足で子供がおにぎりをガブリとやると，初めての味に出会う。なんと中味の具は，ウインナーソーセージ。子供はさっそく友達に自慢した。これぞまさしく「プロダクト・アウト」である。

この「マーケット・イン」と「プロダクト・アウト」は，お母さんの子供を思う心によって絶妙に組み合わされ，大いに威力を発揮する。お母さんは，素晴らしいデザイナーと言えよう。

今は，売り（営業）でもつくり（生産）でも開発でも，どのような現場でも，「創造力を高めよ」と言われている。どうすれば高められるかは教えてくれない。が，子供のためにおにぎりをつくるお母さんはどうだろうか。素晴らしい創造力である。その秘密は何であろうか。

それは本書でも繰り返し強調してきたところである，「想う」ことにある。かくありたいと強く想い，いつも五感を研ぎ澄まして事に当たるということだ。よって著者は，「想像力は創造力なり」と言い続けてきた。

このように考えると，本章で取り上げた，3つの山をつくった「初代シビック」「2代目プレリュード」「オデッセイ」は，「お母さんのおにぎり」だった

結　章　デザイン・マインドとデザイン・マネジメントの本質

と言ってよいのかもしれない。ここにこそ，デザイン・マインドの本質をうかがうヒントがあるのだ。

おわりに

　現在ホンダはモビリティのリーディングカンパニーを目指し，自動車，オートバイ，発電機，船外機などのエンジンで動く製品をいろいろとつくっている。動くものすべてに積極的に関わっていこうとすると，研究対象は自動車だけではなく，飛行機から二足歩行ロボットまで幅広いものになってくる。

　なぜ「歩くロボット」とホンダが結びつくのか，不思議に感じられるかもしれないが，ホンダは人間が自分で歩き回ることや，手に持ったり背負ったりして荷物を運ぶことも「モビリティ」だと考えている。

　ちなみに，普通の成人男子が背負って歩ける物の重さは，ほぼその人の体重だと言われる。すなわち，人一人を助けられるようにできているということである。

　また，人は道のないところ，たとえば，エベレストの頂上までも歩いて行ける。自動車道路のように，莫大な投資を伴うインフラ（社会基盤）がなくとも思ったところに行ける。そういうところに「情熱とロマン」を感じて始めたプロジェクトだったのだ。

　ホンダでロボット研究が始まったのは1986年のことだが，当時「二足歩行」の実用的な技術は世の中に存在しなかった。もちろんホンダにもなかった。

　ゼロからの出発というと，初代シビック開発の時も「何もなかった」のだが，ロボットの研究は全く「未知の分野」に対しての「チャレンジ」であり，経験も技術の蓄積もまさに「ないないづくし」。

　しかし，こんな非常に厳しい状況下からスタートしたが，最も苦しかったバブル崩壊時も止めることなく進められた。それがＲＶを開発していた連中の心の拠り所となったのも事実である。

　たまたま著者は「自動車屋」であるが，社内には船や飛行機などのいろんな

方面の専門家がたくさんいるわけだし，様々な研究の成果や技術を蓄積している。ホンダは「自動車をつくる会社」から「自動車もつくる会社」になっても不思議ではない。

1996年12月に，この二足歩行するロボットは公開され大きな話題になった。ホンダのロボットは従来の感覚では，とても「スポーティ」とは言えるものではないが，やはり，これも「ホンダらしい」と言えるのではないだろうか。

長年，科学技術の申し子のようなクルマつくりに関わって，合理性とか客観性の世界に身をゆだねた者が，こんな話をすると不思議に思われるかもしれないが，「苦しい時の神頼み」と言うように，苦しい中で賢明に努力して，考え尽くして，やりきって，最後は神様の力におすがりするということも，ままあった。

また，行き詰まった時「これしかない」と開き直り，そんな時，「神のお告げ」と言うと大げさになるが，ちょっとした「閃き」がきっかけとなり，道が開けたことが何度もある。

何かを創りたいという目標や想いが高じると，それは「祈り」となり，物に「命」が吹き込まれる「力」となる。成功したものというのは後で考えてみると，決して理詰めで考えたものではなく，我を忘れたトコトンの世界から導かれたもののほうが多いと感じる。技術の世界の真ん中で生きてきた著者であるが，この「不思議」を信じている。

そうした著者がホンダで学んだ素晴らしい先輩方に共通していたのは，どなたをとっても，「クルマつくり，ものつくり」という仕事を，「心底愛し，信じて身をゆだね，そして楽しんでいた」ということであった。

付章2の冒頭で取り上げるSimonは「デザインは人工科学（artificial science）である」と考えている。

これは，実践の場において著者がたどり着いた「芸術と科学とをつなぐもの」というデザインの捉え方とかなり近いものである。

デザインは，文化と文明，過去と現在と未来，さらには人と人，人とモノをつなぎ，時にはそれがユーザーと企業であったりする。

結　章　デザイン・マインドとデザイン・マネジメントの本質

　デザインは情緒的かつ論理的であることが要求される困難であり包容力の必要な仕事と言える。

　企業においては，経営者自らが，デザインの重要性を知り，夢や好奇心，情熱や感動する心を強く持ち続けることが肝要である。

　それが目に見え感じられる環境こそが，デザイナーの能力や個性を向上させるのだ。

　第3章で見たように，まずデザイナーにとって，「デザインの技術つくり」の時期には，「手」を動かすことが最大の学習方法となる。すなわち「なすことによって学ぶ（learning by doing）」ということが重要なのだ。

　これらを助長できる「デザイナーの育成を含めた管理」が行なわれるなら，技術あるデザイナーを育て上げることができる。

　次には第4章で明らかにしたことであるが，そうして育成された高い技術と個性を持つデザイナーに，「みんなで知恵を出し合い，みんなでつくる」という意識を育てていくことが重要となる。

　つまり，手から頭を使う時期に入る，ということだ。

　「手や体を動かすことは頭に作用する」と本田宗一郎が言ったのは，まさにこのことである。

　優れたデザイナーの育成が企業発展のカギを握る。

　デザインを高い位置に置き製品開発を推し進めることで，そのためのモチベーションはさらに上がっていく。

　続いてデザイナーは，第5章で取り上げたように，世のため人のために一心不乱にデザインする，という意識を強く持つことが大事な段階に入る。

　このことが，揺るぎないブランドの確立（顧客ロイヤルティの創出など）のカギを握ることになる。

　企業が商品を介しながら「お客さん」とコミュニケーションし，価値観や情報を共有（ないし共感）していくのだ。

　最後には，第6章で詳しいように，「デザインの場つくり」というものが，デザイナーの育成，活用，デザインに基づくブランド形成戦略に続く，デザイ

ン・マネジメントの次なるフェーズとなる。

　企業の「顔」や「アイデンティティ」は製品を通して自らが明確に主張し，発信し続けなれば，社会に認知されることはない。

　しかしこれも，自分の意志だけではどうにもならない難しい世界である。

　手が頭を育て，手と頭が心を育む過程をたどる。

　心とは，自ら想うことであり，他を慮（おもんぱかる）ことである。

　すなわち「気配」，つまり，目を瞑っていてもできるという世界，自らを超えて人に気を配れる世界をつくり上げることである。

　言わば，デザイン・マネジメントの秘訣は，「かたちはこころ」の一語を極めることだと感じている。

　「デザイン」が「意表」と訳されるごとく，意（こころ）と表（かたち）を同体にすることである。

　志を高く持って，心一つに，一歩一歩目標に近づく努力をすることである。

　常に「未知の分野」に対して「情熱とロマン」を持ってチャレンジすることである。

　そして我を忘れたトコトンの世界に身を置き，「ものつくり」という仕事を心底愛し，信じて身をゆだね，そして楽しむことだと確信している。

　そうしたことのできる環境をつくり育て続けることこそ，著者の考えるデザイン・マネジメントなのである。

　ホンダにはこのように，デザイン・マネジメントが進化する土壌があり，その進化過程がそれぞれに豊かなデザイン・マインドによって促されたのであると言えよう。

　ホンダについては，これまで様々な経営学者がその卓越さを指摘している。これについては，付章1を参考にしてもらいたいが，もっと重要な部分は実は，このデザイン・マインドとデザイン・マネジメントにあるのだ。

　付章2でも示すように，こうしたデザイン・マネジメントの領域から企業を捉えることが，今後の経営学研究に必要なひとつの重要な視点である。

結　章　デザイン・マインドとデザイン・マネジメントの本質

⑴　本章は，第34回ＶＥ全国大会「VALUE SOLUTION 2001 企業価値を高める新世紀マネジメント」(社団法人 日本バリュー・エンジニアリング協会主催，2001年11月8日，於・アルカディア市ヶ谷) での講演に際する原稿「ホンダで学んだこと」と，第55回ＭＦＵファッション産業会議 ((社)日本メンズファッション協会主催, 1997年11月7日，於・鈴鹿サーキットホテル) での講演に際する原稿「ODYSSEY―新商品を開発し，それを提案する術―」をベースにしている。

付章1　経営戦略とデザイン・マネジメント

はじめに

　1990年代における経営戦略論の領域では，コア・コンピタンス[1]や，ナレッジ・マネジメント[2]といったコンセプトが新たに登場した。これらの視点に基づいて論理が展開されていく際に，有益なエッセンスを提供した企業の中の一社が，ホンダであった。

　また一方で，「明確な戦略を独自に持つ日本企業は稀である」と捉えた，競争戦略論者のPorterが，そうした戦略なき日本企業の中でも，注目に値する例外として挙げたのも，ホンダの名だった[3]。

　このように，ホンダのビヘイビア・パターンは，現在における経営戦略論に大きな示唆を与えるものとなっている。

　ホンダを捉える経営戦略論者の多くは，ホンダが卓越した戦略をつくり出せる能力（capability）にポイントを置く。

　そこで，ここではまず，こうした昨今の経営戦略論の領域において，ホンダのどのような点に関心が集まっているかについて探る。

　それとともに，そういった注目すべき点にアクセントが置かれるがゆえに，見落としがちになってしまう，より重要なコンセプト，すなわちデザインへの視点を提示することにしたい。

I　ホンダの卓越した経営戦略

1．事業戦略の分野：コア・コンピタンス経営

　コンテンポラリーな経営戦略の分析法に基づくと，「ものつくり」としての企業にとって欠かせないのは，コア・コンピタンス，すなわち「他社では提供できない利点を顧客にもたらすことができる技術やスキル」であるとされる。

　企業間で行なわれる，市場の主導権をめぐる競争は，このコア・コンピタンスの活用が大きなカギを握る。

　特にコア・コンピタンス・ベースの戦略では，目先の状況に対応するだけではなく，自社が身を置く産業の未来をどれだけイメージできるかが決め手となる。その想像力が，そのまま企業の競争力として定まってくるのである。

　未来に対するイメージとは，次の3点をどう捉えるかということである[4]。

---

①付加価値
　…顧客にどのような新しい付加価値を，5年後，10年後，15年後に提供するべきであるか
②企業力
　…そういった付加価値を顧客に提供するために，どのような新しい企業力を育成ないし獲得する必要があるか
③顧客との接点
　…これからの数年間，どのように顧客との接点をつくり変えていかなければならないか

　これら3点を，その時代時代で常に考え，それに向けてコア・コンピタンスを用いてきた企業の一例が，ホンダである。ホンダの場合のコア・コンピタンスは，エンジン技術であることは広く知られている[5]。

付章1　経営戦略とデザイン・マネジメント

　そのエンジン技術をベースにしたホンダの戦略は、コア・コンピタンスの捉え方では、次のように表される。
　「ホンダはオートバイからスタートしたが、未来をこの特定の事業に縛りつけはしなかった。エンジンと伝導機構の世界リーダーを自負して、これらの技術を乗用車、芝刈機、ガーデン・トラクター、船舶、そして発電機に利用したのである」[6]
　これは、ホンダが自らを「企業力の集まり」と見なし、その企業力が未来において活かすことのできる、全く新しい事業機会（business opportunity）を探し出し、それに対応してきたことを示すものである。
　コア・コンピタンスの議論では、この新たな事業機会は、「空白エリア（既存の商品に基づいたビジネスの隙間や、外側に存在する事業機会）」と呼ばれる。
　ホンダは、こうした「空白エリア」に自らの活路を見出すために、未来における事業機会がどこに潜んでいるのか、また、それはどれほどの大きさであるのか、あるいは一方で、その機会を妨げ得る市場の脅威（threat）は何であるのか、などについての深い洞察を重ねてきた。
　そして、そこに自社の強み（strength）である、エンジン技術を活用した商品を投入するという、コア・コンピタンス・ベースの戦略を採ることで、確実な企業成長を遂げてきたのである。
　このように、企業の戦略設計図は、①産業の変化、②自社のコア・コンピタンス、③新しい潜在的な顧客ニーズ、という3つについて、徹底して独自に理解したうえで描かれなければならない[7]。
　また、その戦略設計図に基づいて、実際に戦略を実行するには、適用能力が求められる。経営戦略論者の間で、ホンダへの支持が高いのは、この適用能力、すなわち「一つの製品市場で開発した企業力の要素を、別の製品要素へとうまく広げていくこと」[8]に優れているからだ。
　コア・コンピタンスの持つ強さに加え、それを自らが見出した「空白エリア」に適用できるケイパビリティが、ホンダの競争優位を生み出しているのである。
　その意味で、ホンダは「未来をつくり出す企業」である。これは、コア・コ

183

ンピタンスの議論で，企業が次の3種類に分けられるところからも言える[9]。

> ①顧客の意向を無視する企業
>   …したがって顧客主導の考え方も新鮮に映る
> ②顧客に耳を傾け，明示されたニーズに応える企業
>   …しかしニーズを満たした時点では，より先見の明のある競合他社が，それを先に満たしてしまっている可能性もある
> ③未来をつくり出す企業
>   …顧客自身が未だ気づいていない新たなニーズ（のぞむところ）に，顧客を引っ張っていく企業

　このうちホンダは，3番目のタイプに入っていく。「未来をつくり出すホンダ」は，「お客さん」を単に満足させるだけでなく，絶えず「お客さん」に驚きや喜びをも与える存在である。

　言い換えるならば，ホンダは，自らのスキルの結合体である，優れたエンジン技術に基づいて，「うちだけでしか味わえないもの」を製品化し，「お客さん」に差し出すことができるのである。

　「お客さん」は，そうした製品にこそ，魅力を感じ，惹きつけられる。それによって初めて，製品は商品へと変わる。

　コア・コンピタンスの議論が，さらなる展開を求められるのは，まさにこの時である。なぜなら，「お客さん」が，製品を商品として最初に捉えるのは，製品の内側に入っている，エンジンからでは必ずしもないからである。ほとんどの場合が，その製品の外観（見た目）から第一印象を受けることになる。

　こうした外観のファースト・インプレッションに大きく貢献する「何か」についてが，エンジン技術というコア・コンピタンスとともに，ホンダが「未来をつくり出す企業」として成立するための主要な構成要素としてクローズアップされなければ，ホンダの真の卓越性は捉えきれないだろう。

付章1　経営戦略とデザイン・マネジメント

2．顧客サービス戦略の分野：高いロイヤルティの獲得

　現在の経営戦略論では，エンジン技術というコア・コンピタンスを活用して，未来に向けた「ものつくり」を行なう，ホンダへの評価は高い。これに加えて，できあがったものを販売していく際での卓越性も注目されることがある。

　それは，ロイヤルティを得るためのマネジメント・システムを構築している，ということへの評価である。ここでロイヤルティと言う場合，それは，①顧客ロイヤルティ，②従業員ロイヤルティの2種類が含まれる。

　顧客ロイヤルティとは，顧客が長い期間にわたって，その企業の製品と付き合う状態のことを示す。そうした顧客こそが，「正しい顧客」[10]と呼ばれる。この「正しい顧客」をより多く持つことで，高い顧客ロイヤルティを実現させている企業の例として挙がるのが，ホンダである。

　たとえば，アメリカにおける中価格帯の自動車（サブ・コンパクト車）市場でのホンダは，顧客のライフサイクルに合わせたマーケティングが功を奏し，リピート・オーダー率（ホンダ車のオーナーが再びホンダ車を購入すること）が，業界平均を大きく上回っている，という指摘がある[11]。

　つまりホンダは，20代前半で「シビック」を購入したオーナーたちが，その後，家庭を持った時に，乗り換えができるようなクルマとして，「アコード」を提供したのである。

　さらには，「シビック」購入時のオーナーたちの子供が，成長した場合にも応じ得る「アコード・ワゴン」を市場に追加した。こうした商品の連綿とした投入が，ホンダ車へのリピート・オーダー率を高めていった。それが，「正しい顧客」という，コア・カスタマーの獲得につながったのである。

　このようなホンダの高い顧客ロイヤルティを支えるのは，未来を見据えた商品戦略の卓越性が主と見なされる。また，それとともに，高い従業員ロイヤルティも大きく貢献している，と捉えられる場合もある[12]。

　ホンダの従業員ロイヤルティの高さは，ホンダ車の車種とオプション装備の数が少ないため，顧客層の絞り込みができて売りやすい，というところから得られる。そうした高い従業員ロイヤルティが顧客ロイヤルティをいっそう高め

ている，という捉え方である。

　従業員ロイヤルティが高いということは，従業員がその企業に長く勤めている，ということである。こうして定着している従業員は，自らの仕事に慣れてくるとともに，様々な経験から学んでいくことで，その企業だけにとって有益なルーティンを提供できるようになる。

　そういった従業員による優れた接客スキルが，顧客とその企業とのリレーションシップを構築していく。この時，企業へのロイヤルティが高い従業員ほど，顧客との強い信頼関係を創出できるのである。

　その意味で，ホンダは「正しい従業員」というヒューマン・リソースをより多く有する点でも卓越している，と見ることができる。

　「正しい従業員」が「正しい顧客」のリピート・オーダー率を高めることは，従業員にとっては仕事に対する誇りの高まりとなり，顧客にとってはカスタマー・サティスファクションの高まりとなる。

　このような従業員と顧客双方のロイヤルティの向上といった良き循環が，ホンダが築いているマネジメント・システムである，と指摘されるのである。

　ただし，この場合にも，ロイヤルティを高めることに貢献しているエレメントについて，より詳しく検討する余地が残っている。従業員がホンダ車を売りやすいのは，その車種とオプション装備の数が少ないため，という理由だけがすべてではないからである。

　そこでは，ホンダ車そのものの外見に関する決定的な「何か」が，ロイヤルティの良き循環の推進力になっていることに留意しなければならない。その「何か」が有するパワーこそが，従業員にとっては販売しやすい要素となるのであり，顧客が購入を決める際の最後のひと押しとなる，と言えよう。

Ⅱ　グローバル企業としてのホンダ

1．組織能力の分野：ケイパビリティ・ベースの企業成長

　先に触れたように，ホンダは，離職率が比較的高いアメリカでの従業員ロイヤルティを高めることに成功している，と見なされる。その理由としては，前述した「売りやすさ」が挙がるが，これは特に4輪についてのものである。

　その一方で，ホンダ2輪に関しての従業員ロイヤルティの高さには，「ディーラー管理（dealer management）を行なえるケイパビリティ」[03]というものが作用している，とも指摘される。

　これは，商品の仕入れから販売，および店舗のフロア計画や在庫管理，さらにはサービスなどを，どのように実行したらよいかという手順を，ディーラーに訓練させることで，販売体制をサポートしていける能力のことを示す。

　ＢＣＧ（Boston Consulting Group）は，こうしたケイパビリティが，米国市場におけるホンダ2輪の成功をより深いところから支えた，と捉えている[04]。

　つまりホンダは，ディーラーに運営方法と企業方針についての教育を行なったうえで，コンピュータを通じて経営上の情報を与えていくことによって，ディーラーの自主性を支援したのである。この「万端の備え」からホンダは，ディーラーを事業家として育成していった，とＢＣＧは評価している[05]。

　そうしたディーラーによって，ホンダはアメリカ国内で販売活動を行なう競合他社の中でも，より高い満足度を顧客に与えることができるのであった。

　このようなホンダのディーラー管理に関するケイパビリティが，オートバイに続いて乗用車にも適用されていった，と捉えるのが，ケイパビリティ・ベースでの企業成長の論理である。

　ケイパビリティ・ベースの見解では，コア・コンピタンスの概念が拡張されて取り入れられる。

　それは，エンジン技術というコア・コンピタンスが，「製品実現化」というスキル（製品を開発するための総合的なケイパビリティ）に包まれることによって

初めて、ホンダの競争優位が生まれてくる、という考え方である。

ホンダは、「製品実現化」に向けて、伝統的な開発プロセスを次の３つの点で変更したと言われている[06]。①企画とテストとを同時並行で進める、②この２つの活動を生産実施とは明確に分離する、③製品が完成すると、既存の工場と組織に渡す（新製品導入のための新工場を建設しない）。

これらの変更から、製品の企画から発売までの期間を大きく短縮することができるのだった。それは、すなわち新製品開発のスピードアップである。スピーディに製品開発を行なうことで、より適切な市場機会への対応（あるいは競合他社よりも早い状況変化への対応）ができるようになる。

こうした速さや適応性は、「組織の機敏さ（organizational agility）」から生じるものであり、それがホンダのケイパビリティである、とも指摘される[07]。

ホンダは、この組織的な機敏さを持ちながら、「製品実現化」のスキルを、エンジン技術というコア・コンピタンスと巧みに組み合わせることで、グローバルな市場に画期的な新製品をすばやく提供することができる[08]。

こういったケイパビリティ・ベースの「ものつくり」から、ホンダはグローバル企業としての存続が保てるほどの競争優位を獲得しているのである。

ただし、ここで重要なことは、そのように、エンジン技術を「製品実現化」のスキルで包括して、スピーディに製品化する際に、欠くことのできない「ある感覚」に対してのクローズアップが十分なされていない、ということである。

その「ある感覚（some sense）」とは、これまで述べてきた、ファースト・インプレッションに大きく貢献する「何か（something）」や、ホンダ車の外見における決定的な「何か」と同じところを示すものとなる。

ただ、こうしたポイントについて正しく捉え、それをホンダの独自戦略として見なす学者の視点もあった。それは、「ホンダには、日本企業の中でも例外的に'戦略'がある」と指摘する、Porterからのまなざしであった。

２．マーケティングの分野：製品の差異化による競争戦略

Porterは、グローバル企業の典型として、ホンダの名を早期（1980年代前半）

付章1　経営戦略とデザイン・マネジメント

から挙げる。実際，ホンダは1982年には，日本の自動車メーカーとして初めて，アメリカでの乗用車生産を始めた企業であった。

そうしたホンダのグローバル化の端緒は，革新的な戦略に基づいて，アメリカのオートバイ市場で独自の競争ポジションを確立したところにある，とPorterは見ている[19]。

この時のホンダは，「マーケティングの魔術」によって，オートバイ業界における競争のルールを変えた，というのである。

ホンダがグローバルに活動を行なう以前のオートバイのマーケットは，①アジアなどの発展途上国，②ヨーロッパやアメリカ，といった2つの領域に分けられていた。

前者のエリアでは，多くの者が仕事用に使うために，小型でシンプルなタイプが主となる。そこで，このエリアに参入するメーカーは，廉価という価格（price）を中心とした競争を行なっていた。

また，後者のエリアでは，とりわけ少数の者が娯楽として乗っていたため，大型で精巧なタイプにニーズが集まる。これに応じようとするメーカーは，スタイルやブランド・イメージによって，製品（product）に差異を与えることで競争していた。

このように，マーケティング政策の主眼が異なった状況下で，後者のエリア（place）に進出することが，ホンダにとってのグローバル化の契機となった。その際，ホンダがこのグローバル化に成功した理由は，「中流階級のアメリカ人に，バイクに乗るのは面白いかもしれないぞと思わせた」[20]という点にある。

つまりホンダは，大型バイクが主流となっていた北米のマーケットに，手軽に乗れる日常の足という未開拓の市場を見出し，そこに「小さな50ccのスーパーカブ」を当てたのである[21]。

このバイクの生産コストは，比較的安いものとなったため，ホンダはその剰余分の資金を，マーケティングや流通に投資することができた。

特に新たな顧客層をターゲットとした広告や宣伝（promotion）を行なうことで，ホンダのバイクに関する情報（手頃な価格で，信頼ができ，軽量で操作が簡単

であること)を正確に伝えることができたのだった[22]。

そのうえで,"You meet the nicest people on a Honda.(ホンダに乗る人は,イカした人たちだ)"という広告スローガンを打ち出すことで,「スーパーカブ」の顧客層は,他社がこれまでターゲットとしてきた層(バイク好きの若者)とは異なること,すなわち,誰でも手軽に乗れることを強調したのである。

Porterは,こうしたホンダが,後に自動車産業へと参入したことは,他社とは異なった存在でありたいというこだわりであり,それは,「独立への熱狂的な固執」と「既成概念への異端的な挑戦」に支えられていた,と見ている[23]。

ここで注目すべきは,ホンダが何によって「他社とは異なった存在」となっていったか,つまりは何によって差異化を図っていったかということである。

Porterは,ホンダの独自戦略の基礎をエンジンとし,その第二の柱に,スタイリングを挙げる[24]。ホンダのクルマは,いずれもシンプルで現代的なかたちをしていて,優れた視界と,広い空間を実現している,ということである。

なかでも,クリエイティブ・ムーバーとして登場した「ステップワゴン」や「Ｓ−ＭＸ」(いずれも1996年発売)といったクルマの「印象的な次世代的デザイン」が若い世代を惹きつけている,というPorterの指摘には,ホンダの卓越性をさらに推し進めて検討する余地があると言える。

なぜなら,これまでの節の終わりごとで示してきた,①ファースト・インプレッションに大きく貢献するもの,②ホンダ車の外見において決定的なもの,③エンジン技術を「製品実現化」のスキルで包括して製品化する際に欠かせない「ある感覚」といった,すべてに共通するものが,「デザイン」となるからである。

ここに,Porterの示す「ホンダには独自の明確な戦略がある」というテーゼを重ね合わせると,デザインによる個性の創出が,ホンダの製品開発において意識的に,なおかつこれまで一貫して行なわれてきた,という仮説を立てることができる。

近年における経営戦略論の新たなコンセプトの登場と形成に,ホンダのエッセンスは多くの示唆を与えてきた。がしかし,そのそれぞれは,ホンダのデザ

インを基軸とした「オンリーワン・ストラテジー」と呼べるものの一側面に触れるものであったとは言えないだろうか。

ホンダには，コア・コンピタンスや，ケイパビリティといった戦略的な考え方をすべて包括する，より大きなフレームワークのデザイン・マネジメント戦略が横たわっていると見ることはできないだろうか。

そこで次には，この戦略の枠組みについて整理してみたい。

Ⅲ　デザイン・マネジメント戦略のコンセプト

1．デザインによる競争力の形成

デザイン（インダストリアル・デザイン）が，企業生命力にとっての重要な構成要素であり，経営戦略上の新たな武器として高い価値がある，と見なされ始めたのは，1980年代中頃のことであった。

この時期に，マーケティング論者のKotlerは，企業が持続可能な競争優位を得るために用いることができる，経営戦略上の有力なツールとして，デザインを挙げている[25]。

デザインは，ターゲットとする顧客には高い満足度（ないし生活の質）を，そして企業には利益をつくり出すことに狙いを定める。つまりデザインは，企業の内外に，意味のある場（a purposeful space）[26]を創出することを目的とするのであり，その意味では極めて戦略的な活動となるのである。

ＴＱＭ（Total Quality Management）やＪＩＴ（Just in time manufacturing）といった，従来の伝統的な戦略ツールの効果が弱まり，それらによる根本的な差異化が容易には達成できないようになった時，デザインがこれに替わる新たな戦略ツールとして考えられるようになった。

実際にも，この時期には，いくつかの企業（フィリップス，ソニーなど）が，デザイン・パワーを持つ商品（Philishave Electronic shaver，Walkmanなど）に基づく経営戦略を展開して，競争力を強めたことも確認できる。

このように，デザインが真の差異化を創造するツールとなるにも関わらず，多くの企業は，「優れたデザインが製品の魅力を高め，良い企業環境や豊かなコミュニケーションをつくり出し，企業の存在価値を増すことができる」という点を理解できていないままである，とKotlerは指摘したのである。
　つまり，デザインの次元（design dimension）が極めて重要なものとなった，マーケティングの新時代（the new era of marketing）において，ほとんどの企業は，"design touch"[27]を行なっていない，ということであった。
　企業が，競合他社から抜き出るために，望みをかけられる手法は数少ない。その少ないメソッドの中のひとつが，「対象とするマーケットに向けて優れたデザインの製品を生産する」というものである。
　優れたデザインは，デザイナー（インダストリアル・デザイナー）が製品仕上げの単なるスタイリストとして，製品開発過程の最後のフェーズにおいてだけ携わるのでは，つくり出すことはできない。
　デザインが「ものつくり」の後付けにとどまらないためには，デザイナーが製品開発の初期のフェーズから関わることが欠かせないのである。
　それは，デザイナーが早期から製品開発に加わることによって，製品に統合性（integrity）が生じてくるからであった。製品統合性とは，製品の機能がその構造と整合しているとともに，顧客の期待とも一致していることである[28]。
　より詳しく言うならば，統合性を持った製品は，次のような効果を企業内外にもたらすことができる。
　企業内部にとっては，製造に適応したデザイン（design-for-manufacture）がなされることで，開発途中でのデザイン変更が少なくなり，製造準備期間の短縮につながる。また，生産開始後でのデザイン変更にかかるコストの削減ともなる。
　また，企業外部にとっては，ひときわ目立つ外見によって，他社製品との差異を呼び起こす。デザインが製品のヒューマニゼーションの役割をなしていることで，ファースト・インプレッションの良さや，商品購入を決める際の最後のひと押しに大きく貢献するのである。

そうした効果をもたらすデザインに目覚めた (design-aware) 企業は，自ら未来をつくり出すことができる。また，優れたデザインを，顧客や従業員ロイヤルティの良循環への推進力とすることもできる。

　このような "design touch" の感覚に長けた企業では，デザインの主な構成要素（性能，品質，耐久性，外観，そしてコスト）を，デザイナーが創意を持ってブレンドすることに努めている(29)。

　優れたデザインというのは，そうしたデザインの主な構成要素が巧みなバランスをとっている。そのバランスの良さに顧客は，製品のデザインに価値を覚え，高度な「バリュー・フォー・ザ・マネー」を感じ取ることになる。

　こうして，デザインというものが，製品開発のプロセスや経営戦略上の核心となり，それをもとに経営戦略を立てる「デザイン主導型企業」こそが，意味のある差異を創出することができる，と考えられるようになった。

　「デザイン主導型企業」は，「ユーザーを中心とした製品をつくり，それを通じたコミュニケーションを図り，自社に有利な環境をつくり出すことを目的として，そのための経営資源を開発し，これを組織化して，その活用を計画し，これを管理する」というデザイン・マネジメントを戦略として行なうのである(30)。

　この場合の経営資源の中でも，とりわけ重要な機能を発揮することになるのが，デザイナーという経営資源 (human resources) である。

2．貴重な経営資源：デザイナーの活用

　デザインの中でもとりわけ，"radical design" の持つパワーに着目したのが，Lorenz(31)だった。Lorenzは，その著(32)において，製品や企業に「個性」を与えるデザインに，企業が目覚めることの必要性を問いかけている。

　それを示すためにLorenzは，企業がデザイン・コンセプトを市場に適用するために，いかにデザインを解放し (design unchained)，デザインの持つ潜在的な競争力を引き出しているか，という事例をいくつか取り上げた。また，そこにおいては，デザイナーが重要な役割を果たしている，と主張したのである。

　デザイナーは，顧客に満足感や喜びを与えるようなかたちや手触り，あるい

は見た目の良い製品をつくり出すことを仕事とする。また，製品開発チームの中においても，デザイナーは貴重なアイデアの提供者であり，なおかつプロジェクトの促進や調整，評価，完成といった役割を果たす[63]。

ここで，Lorenzが着目したのは，デザイナーの「他の仕事に寄与し，刺激となり，解釈し，まとめることができる，多面的な才能（multifaceted ability）」である[64]。

したがって企業がもし，こうしたデザイナーの才能に気づいていないならば，それは大きな損失につながる。特に，デザイナーの可視化のスキル（visualizing skill）と，総合化のスキル（synthesizing skill）は，貴重な才能なのだ。

可視化のスキルは，もののかたちや物体間の関係を，立体的に捉えることのできる，イマジネーション能力に関するものである。

デザイナーが特に，このスキルを用いる時は，他の者たちのアイデアをまとめ上げる場合であり，特にマーケティングやエンジニアリングのコンセプトに具体性（concreteness）を与えるためである[65]。

また，総合化のスキルは，あらゆる業際的な（multidisciplinary）問題を，巧みに折衷して束ねることのできる能力に関するものだ。

これは，ある分野のものを別の分野のものと，異種間受粉させること（cross pollination）であり，デザイナーには常に必要とされる（stock-in-trade）ものと見なされている[66]。

これらの可視化や総合化のスキルを持つデザイナーが施すデザインによって，企業は顧客との間に，新たなコネクションをつくっていくことができる。

その意味で，デザインは「活力に満ちた武器」[67]であり，それを生み出すデザイナーこそが優れたデザイナーと呼べる。

優れたデザイナーは，まず人に使用されるものとしての製品の完全なかたちをイメージして，そこからその製品のコンセプトを具体化するために必要となるディテールに戻っていける。

さらには，製品開発チームの中で，影響力や「筋力」を備えた一人前のメンバー（a fully-fledged member）である[68]。

付章1　経営戦略とデザイン・マネジメント

　こうしたデザイナーを，統合者として据える経営戦略を展開するならば，全体の統合性が取れたかたちを持つ製品によって，顧客満足度に順応することができる[39]。

　ただし，デザイナーの誰もが，このように重要な役割を担うことができるというわけではない。そういった能力を有しているデザイナーは稀有である。それは，可視化や総合化のスキルが，個人の鋭い洞察力（acumen）や経験によるところが大きいからだ。

　そこで，デザイン・マネジメントという戦略手法が採られることになる。デザイン・マネジメントの到達点は，「組織が目標達成のために，デザインという万一のとき頼れるものを，効果的に使用することを確実にすること」にある[40]。

　デザインの効果に目覚めている企業は，この到達点を十分に理解していて，そのために必要となるデザイナーの才能を育成することにつとめる。これには，カンパニーワイドな活動を伴い，そのためのコストもかかってしまう。しかし，この努力をなさないほうが，より高くつき始めているのだ[41]。

　そうしたデザイン・マネジメント戦略を採るために，デザイナーが洞察力を養え，経験を積み，可視化や総合化のスキルを形成していけるような「ものつくり」体制を社内でいち早く敷くことが，差異化につながることになる。

　こうした差異化を図るための手順に早期に気づいており，それを一貫して行なっている企業が，まさにホンダなのだ。この点こそ，ホンダのリアルな卓越性である，と指摘することができる。

おわりに

　ここで確認してきたように，ホンダの経営戦略の卓越性は，これまでに様々な角度から示されてきた。そうした先行研究を踏まえながら，最後に取り上げた，デザイン・マネジメントというコンセプトから，ホンダを総合的に捉えていく視点が，今や必要ではないだろうか。

　ホンダこそ，企業設立の初期の段階から，創業者・本田宗一郎のデザイン・

マインドに基づいて，デザインをより高い位置に置いてきた「デザイン主導型企業」であり，ホンダの成長のために，デザイナーの才能を巧みに「解放」してきた企業なのだ。

たとえば，ホンダの4輪商品を取り上げると，概して1960年代は，「N360」や「H1300シリーズ」の開発から，デザイナーは多様な経験を積み，そこからナレッジを豊富に得ていた。デザイナーの育成が，実際の「ものつくり」を通じて行なわれたのである。

これに続く1970年代では，「シビック」や「アコード」といった基本機種が誕生した時期であり，デザイナーがその開発チームのメンバーとして，企画段階から関わっていた。これが，商品デザインの卓越性を呼び起こしていた。

1980年代には，ホンダの「個性」を示す商品が次々と市場に登場した。また，「モノ」から「こと」の時代となった1990年代には，「お客さん」とのコネクションをつくり出すことが求められた。このそれぞれの時代にも，確かなデザイナー・ファンクションを見出せる，という新たな視点を注ぐことができる。

以上のような仮説は，ホンダの史実に基づいて，エンピリカルに解明していけるであろう。

このように，本章では経営戦略論におけるデザインの視点の欠如を示してきたが，次章では，デザインの分野にも，マネジメントの考えが不可欠である点を捉えてみたい。

---

(1) 「顧客に対して，他社にはまねのできない自社ならではの価値を提供する，企業の中核的な力」（Hamel, G. and Prahalad, C. K. 著／一條和生訳『コア・コンピタンス経営』日本経済新聞社，1995年，11ページ）。

(2) 「個々人の知識や企業の知識資産（Knowledge Asset）を組織的に集結・共有することで効率を高めたり価値を生み出すこと。そして，そのための仕組みづくりや技術の活用を行うこと」（野中郁次郎・紺野登著『知識経営のすすめ』筑摩書房，1999年，7ページ）。

(3) 自動車産業におけるホンダと，テレビゲーム産業における3社（任天堂，セガ，ソニー）が，独自に戦略を持つ日本企業として挙がる（Porter, M. E., 竹内弘高著『日本の競争戦略』ダイヤモンド社，2000年，142～155ページ）。

付章1　経営戦略とデザイン・マネジメント

(4) Hamel, G. and Prahalad, C. K. 著／一條和生訳，前掲書(1)，93～94ページ。
(5) たとえば「資源ベース戦略（resource-based strategy）」という考え方では，ホンダは，エンジン技術という内部能力（internal capability）を用いて多種の製品をつくり出すことによって，外部環境の変化に首尾良く適合してきている，と捉えられる（Grant, R. M., *Contemporary Strategy Analysis : Concepts, Techniques,* Applications ; Fourth Edition, Blackwell, 2002, p.134.）。
(6) Hamel, G. and Prahalad, C. K. 著／一條和生訳，前掲書(1)，108ページ。
(7) 同上書189ページ。
(8) 同上書226ページ。
(9) 同上書130～131ページ。
(10) Reichheld, F. F., "Loyalty-Based Management", *Harvard Business Review,* March-April 1993.／邦訳「顧客ロイヤルティと従業員ロイヤルティによる良循環経営」，ＤＩＡＭＯＮＤハーバード・ビジネス・レビュー編訳『顧客サービス戦略』ダイヤモンド社，2000年，所収，52ページ。
(11) 同上書57ページ。
(12) 同上書58ページ。
(13) Stalk, G., Evans, P. and Shulman, L. E., "Competing on Capabilities : The New Rules of Corporate Strategy", *Harvard Business Review,* March-April 1992.／邦訳「ケイパビリティに基づく経営戦略」，Harvard Business Review編『経営戦略論』ダイヤモンド社，2001年，所収，42～44，52～54ページ）。
(14) また，ＢＣＧは，英国の2輪市場におけるホンダの成功理由を，①経験に基づいた最新技術の学習，②規模の経済性，という2つの変数を用いて確立した「低コスト生産」に求めている（Boston Consulting Group, *Strategy Alternatives for the British Motorcycle Industry,* London : Her Majesty's Stationery Office, 1975, p.vi）。つまり，「技術」と「規模」という2点から集中的に攻めたことで，ホンダの低コスト生産は持続性のあるものとなり，それが他社との成長の差となった，ということである。ＢＣＧでは，こうした低コストの生産体制の構築が，ホンダ2輪の海外進出におけるサクセス・ストーリーの中心に据えられており，それをサポートしているのが販売体制をつくり上げる能力であると捉えられている。
(15) Stalk, G., Evans, P. and Shulman, L. E., in *op. cit.*／邦訳，前掲訳書，所収，43ページ。
(16) 同上書53ページ。
(17) Pascale, R. T., "Reflections on Honda (in CMR FORUM : The "Honda Effect" Revisited)", *California Management Review,* Vol.38, No. 4, Summer 1996, p.113.
(18) また，その組み合わせに際しては，「発生してくる新たなナレッジにすばやく，そし

て物分かり良く (intelligently) 反応することができるケイパビリティ」が発揮される (Rumelt, R. P., "The Many Faces of Honda (in CMR FORUM : The "Honda Effect" Revisited)", *California Management Review*, Vol.38, No. 4, Summer 1996, p.110.)。この見方は，「過程・発生」学派（"process/emergent"school）からのアプローチである。

⑲ Porter, M. E. 著／竹内弘高訳『競争戦略論Ⅱ』ダイヤモンド社，1999年，218〜223ページ。

⑳ 同上書220ページ。

㉑ Christensen, C. M. 著／玉田俊平太監修，伊豆原弓訳『イノベーションのジレンマ 増補改訂版』翔泳社，2001年，207ページ。

㉒ Porter, M. E., 竹内弘高，前掲書(3)，145ページ。

㉓ 同上書146ページ。

㉔ 同上書148ページ。

㉕ Kotler, P. and Rath, A., "Design：A Powerful but Neglected Strategic Tool", *The Journal of Business Strategy*, Autumn 1984, pp.16-21. ここでは，デザインを「製品，環境，情報，および企業の存在意義に関連して，デザインの主な構成要素（性能，品質，耐久性，外観，そしてコスト）の創造的な活用を通じて，顧客満足度と企業利益の最適化を求める過程」であると定義している（*Ibid.*, p.17.）。

㉖ Liedtka, J., "In Defense of Strategy as Design", *California Management Review*, Vol.42, No. 3, Spring 2000, p.28.

㉗ Kotler, P. and Rath, A., in *op. cit.*, p.16.

㉘ 藤本隆宏，Clark, K. B. 稿「製品統合性の構築とそのパワー」，『ＤＩＡＭＯＮＤ ハーバード・ビジネス』February-March 1991, 5ページ。

㉙ Kotler, P. and Rath, A., in *op. cit.*, p.17.

㉚ このデザイン・マネジメントの定義は，Design Management Institute による定義に従っている。

㉛ 英国経済紙Financial Timesの元マネジメント・エディター。

㉜ Lorenz, C. 著／野中郁次郎監訳，紺野登訳『デザインマインドカンパニー 競争優位を創造する戦略的武器』ダイヤモンド社，1990年）。

㉝ 同上書21ページ。

㉞ 同上書48ページ。

㉟ 同上書46ページ。

㊱ 同上書22ページ，43ページ。

㊲ 同上書83ページ。

㊳ 同上書50ページ。

付章1　経営戦略とデザイン・マネジメント

(39) Fujimoto, T., "Product Integrity and the Role of Designer-as-Integrator", *Design Management Journal*, Spring 1991, p.30.
(40) Powell, E. N., "Developing a Framework for Design Management", *Design Management Journal*, Summer 1998, p.10.
(41) Whitney, D. E., "Manufacturing by Design", *Harvard Business Review*, July-August 1988, p.91.

付章2　「戦略的経営資源」としてのデザインとそのマネジメント

はじめに

　Simon[1]によれば，デザインは，いかに物事が存在すべきか，どのようにすれば人工物が目標を達成するか，ということの考案に関わりを持つとされる[2]。これらを考えるには，「人工的な物体と現象に関する知識の体系」が必要であり，その意味でデザインは「人工科学（artificial science）」である[3]。

　人工科学であるデザインは，企業が顧客ニーズに基づいて製品やサービスをつくり出す際に，それを最ものぞましいかたちで提供することや，効率良く生産すること，さらにはそれらに美的感覚を持たせることに用いられる。

　しかし，この時問題となるのは，つくり出す「モノ」のデザインができあがるまでの作業が，企業内のありとあらゆる部門と関わり合いを持つようになるため，企業がその過程を統合していかなければならない，ということだ。

　こうした業際的で複雑なデザインの過程を首尾一貫して管理するための経営手法が，デザイン・マネジメントであり，それはいわば「マネジメントの過程をイノベーションとデザインの過程に応用すること」[4]である。

　近年におけるデザイン・マネジメント研究の進展としては，たとえば2001年8月にスコットランドのグラスゴーで開催された'the 13th International Conference on Engineering Design（ＩＣＥＤ 01）'を挙げることができる[5]。

　ＩＣＥＤは，エンジニアリング・デザインを製品開発やデザインの過程などの諸側面から捉え，その新しい潮流を探るとともに，そこに横たわる原理原則を発見するための場を提供するところである。

　'ＩＣＥＤ 01'では，Design Management — Process and Information Issues

というテーマで，デザインの過程のマネジメントと，その過程を支援する知識や情報についての議論が展開された。つまり，デザイン・マネジメントとナレッジ・マネジメントへの接近が行なわれたのだ。

この2つは，デザインが，①専門的な知識を必要とする，②その知識が連続して増え続けるために複雑に変化していく，という性格である以上，十分に検討しなければならないものである。

情報化時代となり，知識が豊富に存在する現在において，デザインはそうした知識を用いながら，複雑な産業過程を統合する役割を担う。それゆえに企業は，デザインをどのように首尾良くマネジメントしていくかを明確にする必要がある[6]。

本章では，こうしたデザイン・マネジメントのもとに監視（monitor）を受け，管理（control）されるデザインこそが，企業戦略での有力なツールとなることを主張する。

前章では経営戦略論の領域から，マネジメントがデザインの効果を軽視しがちとなる点を示したが，本章ではそのデザインの効果を捉えることで，デザインが企業戦略にとって重要な機能を果たすものであり，それをマネジメントできる卓越した能力が競争優位を確立するうえでの決め手となる，ということを強調したい。

I 知識創造のためのデザイン

1．デザイナーによるデザイン・コネクション

前述の'ICED 01'で，デザイン・マネジメントとともに取り上げられたナレッジ・マネジメントの領域では，デザインは企業にとって知識をつくり出すためのひとつの方法である，と見なされている。

ナレッジ・マネジメントにおける知識創造の方法は主に，①メタファー（言語的方法），②デザイン（視覚的方法），③システム思考（因果的方法）という3つ

の構成要素からなる[7]。

これらの方法が，企業が知識を生み出す際に有効であるとされるのは，メタファーは経験を言語化でき，デザインは身体との相互作用によって環境に秩序を与えることができ，システム思考は因果関係から学習できるからである。

また，これらは，いずれもグループ・ワークを伴うものであるため，その場における対話を促進することで，知識を創出できるというわけだ。

特にデザインは，様々な情報を統合してそれを最も簡潔な概念にまとめ上げることや，多様な意見を調和してその解決策を目に見えるものとして打ち出すことにおいて，その威力を発揮する。このことからデザインは，「規範同士の葛藤を解決する」[8]とも言われる。

こうしたデザイン作業の担い手となるデザイナーは，製品開発において「デザイン・コネクション（デザインを媒介にした，マーケティング，技術など諸事業要素の結合，結束）」[9]に貢献する。

このデザイン・コネクションを製品開発の開始時から行なうことで，デザイナーは「ものつくり」に深く関わり合いを持つことができる。それによって，デザイナーの有する知識が製品開発で最大限に活かされることになる。

さらには，その過程で他者（エンジニアやマーケターなど）の知識と結合されることで，価値の高い新たな知識が生み出される。

こうした付加価値創造の仕組みを構築するには，デザイナーの能力をいかに活用できるかというデザイン・マネジメントの才が求められる。企業は，デザイン・マネジメントを戦略的に作動させることによって，「ものつくり」に必要な知識を有利に創出することができる。

2．「見えない構造」による「見えざる資産」つくり

以上のような知識創出を積極的に図っている企業事例のひとつとして名が挙がるのが，ホンダである。

「創造の組織」として，ホンダは「アイデンティティから生まれた会社」「あらゆるレベルで問い続ける会社」などと言われる[10]。その活力の源泉となるも

のには，以下のような組織風土が挙がる[1]。

> ①トップ・マネジメントが権威的に見えない
>   …トップを偉くしない慣行が組織に確立されているため，トップが現場に向かった際に，重要な情報の行き来が現場とトップの間で自ずと行なわれる
> ②戦略的に発想することが日常化している
>   …「人真似をしない」「自力独行」「3現（現場・現実・現物）主義」といった大きな方向性が組織に根付いているため，しっかりとした「ものの見方，捉え方」が定着している
> ③若い世代に権限をゆだねて仕事を任せている
>   …ファクト・ファインディングのために異質併行開発を行ない，それを収斂していくことで，「真のお客さん」に向けた「ものつくり」を進めている
> ④試行錯誤の中から教訓を学び取っている
>   …「意味のある失敗」を奨励して，そこから得られるものを蓄積しておくことで，戦略的意思決定とその実行が，企業内のどのレベルからも湧き出てくるようにしている

　これらのことに共通して言えることは，「情報的経営資源」という「見えざる資産（invisible asset）」の蓄積と流れを重視している，ということである。
　大きく分けて経営資源には，物理的に不可欠なものと，うまく活動を行なうために必要なものとがある[2]。要するに，事業活動にとにかく必要な経営資源（ヒト，モノ，カネ）と，事業活動を円滑に進めるために必要な経営資源（情報，ノウハウなど）に分けることができる。
　ホンダの活力は，こうした経営資源のうち，とりわけ「見えざる資産」という自らつくり出さなければならない種類の経営資源（情報やノウハウなど）を蓄

えて，それを必要なところへ随時流していることから発生している，と見なすことができよう。

つまり，情報の社内流通を行なう能力に長けているのである。経営戦略の論理では，「見えざる資産」の本質は，こうした情報にあり，その内容は情報の蓄積と，情報を伝え処理するチャネルの性能であるとされる[13]。

企業が情報という「見えざる資産」をどのように取り扱うかは，その組織風土（ある組織に属する人々に共通かつ特有な情報の伝達・処理のパターン）[14]に現れる。組織風土が企業戦略の方向を定める「見えない構造」[15]として存在し，企業に競争優位をもたらす源泉となっているのである。

製品開発の過程も，こうした「見えない構造」を持つ「情報システム（情報の創造と処理，ならびに問題解決の過程）」となる。そのシステムでは，市場（ニーズ）と技術（シーズ）についての知識が，生産のために必要な「情報的経営資源（製品コンセプトなど）」へと転化される[16]。

このようなシステムの流れを滑らかにするために，企業はデザインという知識創造の方法を採用することができる。これによって，「情報的経営資源」という稀少で貴重な「見えざる資産」をより多く生み出せることになる。

これは，いわゆる「インテレクチュアル・オーガニゼーション」[17]を形成するための重要な構成要素となろう。

Ⅱ　パワフルな戦略ツールとしてのデザイン

1．デザインの6つの側面

以上では，ナレッジ・マネジメントの領域でのデザインが，知識を創造するためのひとつの方法と見なされる点について触れた。これは，知識に基づくデザインが付加価値を提供する，ということを示す重要な視点である。

では，デザイン・マネジメントの見地からするとデザインは，実際の製品開発において，どのような価値を持つものなのであろうか。これについては様々

な見方があるが，主に次の6つの側面を挙げることができる[18]。

① モダン・アートの形としてのデザイン
② 美と機能のバランスを図り，問題を解決していくためのデザイン
③ 創造的思考を表出するものとしてのデザイン
④ 企業内での活動と原則をまとめるものとしてのデザイン
⑤ 購入されるものを産業へと送り込むためのデザイン
⑥ 顧客ニーズと企業内のシーズを結びつける過程としてのデザイン

①モダン・アートの形としてのデザインは，時代性ないし先進性を目に見えるバロメーターとして表すことに用いられる。

このデザインの側面は，製品というものが，それが消費される社会の価値観や熱望（aspirations）の進化を表現している，ということを示すものだ。

それゆえに，製品のデザインの歴史をたどることで，社会の変革における重要かつ特徴的な出来事を理解することもできる。そうしたデザイン史は，それをつくり出した企業の，その当時でのマーケティング戦略を浮き彫りにするのである。

②デザインの役割は美と機能のバランスを図りつつ，問題を解決していくことにある。Louis Sullivanは「形態は機能に従う（form follows function）」と言い，丹下健三は「美しきもののみが機能的である」と言った。

形態はスタイル（style）に，機能は工学技術（engineering）に関連するものであり，デザインは本来，インターデシプリナリな存在なのである。

このデザインの側面は，製品とは美的，機能的価値を総合したところで形づけられる，ということを示すものである。

③創造的思考を表出するものとしてのデザインは，製品にクリエイティビティという「不可思議な成分（mystical ingredient）」を加えるために用いられる。デザインの創造的過程は，一般に次の5段階でなされる[19]。

付章2 「戦略的経営資源」としてのデザインとそのマネジメント

1．最初の洞察（first insight；問題の形成），
2．準備（preparation；問題の理解），
3．孵化（incubation；潜在意識の中にある考えを紐解くこと），
4．解明（illumination；アイデアの発生），
5．証明（verification；アイデアの展開とテスト）。

　このデザインの側面は，製品が論理的思考と直感的思考との結合から生み出される，ということを示す。

　④企業内での活動と原則をまとめるものとしてのデザインは，冒頭に述べたように，デザインが人工科学であり，人がつくり出す世界のあらゆる要素を決定するということから求められる。

　このデザインの側面は，製品とは企業内における幅広い分野（disciplines）の人々とのコミュニケーションを円滑に図り，そのそれぞれの働きを統合することでつくり出される，ということを示すものである。

　⑤購入されるものを産業へと送り込むためのデザインは「商品（commodity）を生み出す」という強い意識を組織に促がす役割を担う。

　このデザインの側面は，製品とは，単に企業内の経営資源を組み合わせるだけでは完成しない，ということを示す。

　⑥顧客ニーズと企業内のシーズを結びつける過程としてのデザインは，事業の可能性を市場へとつなぐために用いられる。

　このデザインの側面は，製品とは，絶えず変化する企業環境に対して企業内の「革新的な可能性（innovative potential）」をあてていくために，計画立てて開発する必要がある，ということを示すものである。

2．ユーザーへのデザイン・コントリビューション

　以上のようにデザインは，実に多面的な機能を果たすものであり，製品開発においては，ユーザーの求めるライフスタイルに順応し得るように，その製品に「確かな商業的価値（commercial value）」を付加する力を有している。

　それはデザインによって，製造コストの引き下げや品質の改良とともに，製

品の利便性や独自性の追求，企業イメージの向上などができるからである。それらは競争優位の確立をもたらすことにつながっていく。

　企業は，こういったデザインをパワフルな戦略ツールとして活用することで，ユーザーがその製品を購入する時や使用する際に「喜び（pleasure）」を与えることができる。これはまさに，ユーザーへのデザイン・コントリビューション（たとえば製品のヒューマニゼーションなど）である。

　そうしたデザインの効果を最大限に引き出すには，マネジメントの過程に沿った十分な監視と管理をデザインに施しながら，「戦略的経営資源」としてデザインを取り扱うことで，その潜在的な利用価値を高めることが，企業に求められる。

　とりわけデザインは，商品の差異化を図る場合に最も有力なツールとなるが，それには，組織内におけるデザイン（およびデザイナー）が「普通とは違う内的な地位（different internal status）」[20]に置かれる必要がある。

　この点が，デザイン・マネジメントのカギを握る部分である。デザインの地位を通常とは異なったものにするマネジメントの進め方としては，ラグビー・アプローチがある。

　ラグビー・アプローチは，エンジニアリングとデザインとマーケティング（すなわちエンジニアとデザイナーとマーケター）がスクラムを組むような形で連結して，一斉に製品開発に取り組んでいくものであり，開発期間の短縮などの効果をもたらすことができる。

　このアプローチにおいては，製品開発の過程のあらゆる段階を統合するための「真に卓越したツール」として，デザインが位置付くこととなる。

　ナレッジ・マネジメントの見地からしてもラグビー・アプローチは，有益な知識をすばやく創出するための組成であり，デザインは，到達すべき戦略的目標に向かうためのビジョンを共有することに大きく貢献する，と見なすことができる。

　では，こうしたデザインが，世界的規模で事業展開を進めているグローバル企業にとって，パワフルな戦略ツールとなるには，どのようなことが問われる

であろうか。

　現在のデザイン・マネジメント論によると，それにはまず企業が，人が求めているもの（human needs）を研究し，その視点に基づいて，人が熱望しているもの（human aspirations）を捉えることにある，とされる[21]。

　そうした熱望を熟知したうえで，デザインは，独特さを目立たせながら，その土地土地の市場における様々なユーザーのニーズに近づいていくためのツールとなり得るのである[22]。

　このようにデザインは，多様化するニーズを満たし，各地域のユーザーに貢献する。このことで，世界各地の顧客との永続的な関係をつくり出すことも追求できる。その意味でデザインは，ブランディングのための最有力なツールでもある。

　顧客へと向かう商品（entity）は，彼らが理解できたり，その心に訴えかけたりするためにデザインされるが，ブランドは，その商品のために施す，いわば「速記（shorthand）」のようなものである[23]。

　顧客に直接話しかけ，その暮らしをより良いものにするものほど，強力なブランドはない[24]。デザインこそが，そうしたグローバル・ブランドの場（platform）をつくり出せるのだ。

　したがって，ブランドを突出したものにすることは，デザイン・マネジメントの大いなる挑戦課題となる。企業が真に違いを創出しようとするならば，戦略ツールとしてデザインを積極的に活用して，優れたオンリーワンの商品をつくり出す，卓越した能力が求められる。

　真に違うということは，単に他と異なっているというのではなく，「より良く他と異なっている」という状態のことを示す。そうしたデザインこそに，人々は驚きの言葉を上げるものである。

　今やグローバル企業には，こうした「戦略的感嘆（strategic exclamations）」[25]を世界のいたるところで呼び起こすようなデザインを提供するために，デザインを首尾良くマネジメントしなければならない。

Ⅲ　マネジメントされるデザイン

1．デザイン・プロセスを管理する方法

　1980年後半から日本の産業構造は次第に，それまでのハードウェア中心型から，ソフトウェア志向へと移っていった。この転換は主として，技術の成熟化ないし高度化が導くものであった。ソフトウェア志向に進むということは，「モノ」から「こと」の時代にシフトするということを意味したのである。

　これによって企業には，「ものつくり」に必要な経営資源（ヒト・モノ・カネ）に加えて，「情報的経営資源」を自ら創出し，それを用いることで，いわば「ことつくり」を行なっていけるような「場の演出力」が必要となった。

　このような「ことつくり」のための情報をつくり出す，ひとつの方法として注目を集めるものが，デザインである。デザインのパワーを活かすことで，企業は「こと（event）」に美しさをもたらすことができる。

　たとえば1980年代末には，デザインは「新しいマーケティング・トリガー」として，企業や商品の魅力的なイメージを創造するものであり，そうした魅力をつくり出すための具体的なオペレーション・システムが（広義の概念での）デザイン・マネジメントである，という見解が示された[29]。

　この場合のデザイン・マネジメントには，それまでの「科学」と「芸術」という視点に加えて，「経済」と「情報」という2つの新たな軸が求められる，とされた。

　つまりデザインは，「科学」「芸術」「経済」「情報」という4つの座標軸を統合するところに位置付く「魅力創造工学」となる，ということである。

　こうした指摘が日本でなされた時，時機を得たかのように登場したのが *Design Management Journal*（1989年，初号発行）であった。デザインをマネジメントするということが，各座標軸の視点から本格的に論究される場が開かれたのである。

　その初号において掲載された論稿の中に，「デザイン・プロセスを管理する

付章2 「戦略的経営資源」としてのデザインとそのマネジメント

5つの方法」というものがある[27]。

その5つとは，①チャンピオンによるデザインの促進，②ポリシーとしてのデザインの表明，③プログラムとしてのデザインへの着手，④ファンクションとしてのデザインの設置，⑤組織全体へのデザインのインフュージョン（吹き込み）である。

①チャンピオンによるデザインの促進とは，デザインの主導者を定めて，その者に組織がなびいていくようにすることである。これを行なうのに最も適した改革運動家（crusader）は，ＣＥＯ（Chief Executive Officer；最高経営責任者）である。

組織がデザインへの関心を引く最初の段階では，トップ・マネジャーの主導による促進は功を奏す。しかしこれだけでは，組織はデザインに対しての十分な認識を持つ状況には到達しない。

そこで，②ポリシーとしてのデザインの表明が欠かせないものとなる。つまり文書（document）によって，自社がデザインをどのように考えているのかを明確にすることなのだ。

企業は文書でデザイン・ポリシーを明らかにすることで，社員の注意を引き，行動を掻き立てることができる。これは，会社の基本理念に沿って社員が行動することと同様の効果を得られるものとなる。

こうした言葉による規律立てに加えて，実際にデザインについて語りかけ，指揮棒を振り，導いていく行動も必要となる。それが，③プログラムとしてのデザインへの着手である。

デザイン・プログラムは，デザインが新しい領域に浸透することや，旧来の領域に新しいデザインを勧めることを可能にしようとする意図を持って展開される。こうしたプログラムが進行していくと，「デザインは製品の新たなイメージを確立するための推進力（a driving force）である」と企業が見なすようになってくる。それが，④ファンクションとしてのデザインの設置を呼び起こすのである。

以上のような4点は，デザインをマネジメントするための公式な方法として

採用することができる。しかし，デザインが真の意味で，知識を創造する手法となり，パワフルな戦略ツールとなるには，いまひとつの方法が極めて重要なものとなる。

それが，⑤組織全体へのデザインのインフュージョンである。つまり組織の隅々にまで，デザインが浸透（permeation）した状態にすることである。その最終的な到達点は，社内の誰もがデザインに関わり合いを持つ，というところに置かれる。

そうした状態となった企業には，'silent design' が息づいている。これは，デザインがその組織にとって「ひとつの生活様式（a way of life）」となっていることを示す。

「デザインのインフュージョン」は，他の4つと比べて非公式なマネジメントの進め方であるという点で異なる。この非公式な方法によってこそデザインは，最も良く開発されるのである。

2．デザインをマネジメントする能力

近年のデザイン・マネジメント研究においても，デザインをいかに監視し，管理していくかという方法を探ることが引き続き行なわれている。特に注目を集めるのは，デザインを首尾良くマネジメントできる「能力（capability）」への視点である。

この能力は，デザインを知識創造のためや戦略ツールとして一時的に利用するのではなく，そうしてつくり出したデザイン・パワーが持続するようにマネジメントしていくのことのできる能力のことだ。

企業が，この能力を発展させるには，組織の統率を常に図らなければならない。デザインを組織立って創出し，管理することは，極めて動的な活動になるからである。

そこで企業は，デザインと深く，そして堅くつながり合いを持つためのマネジメントの方法を探ることとなる。これは，デザイン・マネジメントの新たな構造を築き出す。

付章2 「戦略的経営資源」としてのデザインとそのマネジメント

たとえばJevnakerは，デザインが戦略に貢献するように，企業がデザインを精一杯伸ばしている（ストレッチしている）すがたを'design championing'として捉え，この'champion'を企業の内部資源として見なすことができる，ということに注意を促がしている[28]。

そうした視点に基づいてJevnakerは，北欧企業のデザイン戦略の事例分析から，企業がデザインをまとめ上げるために行なっている活動と，そのために発揮する能力（デザイン・オーガナイジング能力）には，段階的に次のようなものがあることを見出している[29]。

① 新しいアプローチを評価し，それに着手するために，「デザインを資源化する能力（design resourcing capability）」を発揮する
② デザインと事業（ないし経営資源）をつなぎ合わせて調整するために，「デザインを結合する能力（design combinative capability）」を発揮する
③ デザインの促進を組織で学ぶために，「デザインを学習する能力（design learning capability）」を発揮する
④ 創造的にデザインを取り入れて支持し，それを試して提案し，時には衝突するために，「デザインを刷新する能力（design innovation capability）」を発揮する
⑤ 戦略的にデザインを定着させて，そのパワーを伸ばすために，「デザインを戦略に活用する能力（design-strategic capability）」を発揮する
⑥ デザインの価値を資本化するとともにデザインを守るために，「デザインの優位性を保護する能力（design advantage protecting capability）」を発揮する

このように，デザインをまとめ上げるための活動に用いられる能力は，まさに'dynamic design capability'と呼べるものである。それは，いわば「新しい価値をつくり出し，それを利用できるような新たな機会をちょうどよい時に

感じ取り，反応を示す力」[30]である。

企業がこの能力を促がすには，次の 5 つの戦術（tactics）がカギを握る[31]。

① 勇敢にデザインのリニューアルを始めて，関連のある 'champion' を見つける
② デザインの開発に経営資源をささげて，それを管理する
③ デザインとビジネスの関係における，建設的なダイナミックさを維持する
④ 新しいデザインへの目立った応対を観察し，それを伝え合う
⑤ デザイン戦略を立てて，デザインの価値を高める

こうした戦術を採り，'dynamic design capability' の形成をより有利に進める企業にこそ，'design championing' という，デザインに対する卓越した見識と積極的な姿勢（デザインが企業戦略のパワフルなツールとなるということを熟知しており，その効力をフルに活用していこうとすること）を確認できる。

この姿勢は，デザインを常に事業と関連づけて考えようとする企業家精神（entrepreneurship）や，組織全体による共創（collaboration）を通じて，デザインの価値を最大限に引き上げようとするデザイン・マインドなどから生じるものである。

そうした企業家精神やデザイン・マインドを有する企業だけが，今や真の意味での優位性を追求できる。特に「こと」の時代を迎えた現在においてデザインは，企業と顧客とのインターフェイスとして作用する。そのため，企業は次の 3 つの点に対する意識を強く持たなければならない[32]。

ひとつは，デザインをマネジメントすることは商業的に必要なものである，ということである。デザインは顧客の経験をより豊かなものにすることができる経営資源であるため，そのマネジメントの良し悪しが，企業の名声や事業の収益に直接影響を及ぼすからである。

付章2　「戦略的経営資源」としてのデザインとそのマネジメント

　またひとつは，デザインは戦略を目に見えるものにすることができるビジネス・ツール，ということである。デザインは，トップ・マネジメントによる戦略的意思決定と，現場における日々の活動とを直接つなぎ合わすことのできる，重要で貴重な経営資源なのだ。

　いまひとつは，デザインに投資することがブランド価値の増加や開発コストの低減につながる，ということである。製品や工場のデザイン，さらにはコミュニケーションのデザインを開発するための戦略的マネジメントは，資金を節約することに大きく貢献する。

　これらの3点を常に留意することによって，企業は真のデザイン・マインド・カンパニーとして振舞えるようになる。

お わ り に

　一般に，デザイン・マネジメント論では，消費者は「何らかの情報に惹かれて，日々の消費を行なう者」と考えられ，こうした消費者動向の変化に対してのマネジメントを企業は確立しなければならない，と見なされる。

　その中核にくるべきものが，「モノやサービスに，情報という経済価値をいかに付加するかについてのマネジメント」としてのデザイン・マネジメントであり，このマネジメントでしか真正面から企業や社会の要請に応えることはできない，というのがデザイン・マネジメント論のベースをなす考え方である[63]。

　商品のデザインは，単に「モノ（製品）」だけを描くのではなく，その有用性を活かすように一歩進んだところで描く必要がある。

　つまり，商品がユーザーにとって使いやすいものであるという実用的機能面での価値に加えて，見た目の美しさや雰囲気の良さ，商品の持つ魅力といったデザインによる価値が付加されなければならない。これが情報価値となる部分である。

　さらには，「モノ」によって引き起こされ得る世の中の様々な「こと（出来事）」をデザインしていかなければならない。人々が，この「こと」から幸福感

を得られるような「モノ」こそが「商品」となる。

　そのような「ものつくり（製品開発）」は，デザイン・マネジメントによって導いていくことができる。今やこうしたデザインをクローズアップした企業戦略を採ることが欠かせないのだ。

　そのために企業の取り組みとして必要となるのは，段階を踏んでデザイン・マネジメントを進化させていくことである。それには，まず企業内でデザインに責任を持つ者，すなわちインハウス・デザイナーの育成に力を注ぐことから始めなければならない。

　こうしたデザイナーの育成は，製品開発の実践を通じて，様々な知識や教訓を自らの手で覚えていくことでしか成功しない。自らの手から学び取り体得した豊富な知識こそが，オリジナルなデザイン・パワーにあふれるオンリーワン商品をつくり出すことに貢献するのである。

　これに続いて企業は，育成してきたデザイナーの能力が適切に活用できるような，「ものつくり」の仕組みを考え出す必要が出てくる。

　デザイナーの能力が十分に発揮できる製品開発の体制を整えていくことで，一定のデザイン・パワーを持つ商品をコンスタントにつくり出せるようになり，それをもとに差異化を図っていく戦略を採ることができるようになる。

　このような戦略展開を続けることで企業には，デザイン・マインドによる経営，つまりはデザイン・マネジメントを行なっていく力量がついてくるのである。

　こうした進化するデザイン・マネジメントの姿をホンダの例にも見出すことができる。そうした企業のケース・スタディは，理論 (theory) と実践 (practice) の掛け橋となるに相違ない。

---

(1) Richard King Mellon大学コンピュータ科学・心理学教授。
(2) Simon, H. A. 著／稲葉元吉・吉原英樹訳『システムとしての科学　第3版』パーソナルメディア，1999年，137ページ。
(3) 同上書6ページ。
(4) Heap, J., *The Management of Innovation and Design,* Cassell, 1989, p. 5.

付章2 「戦略的経営資源」としてのデザインとそのマネジメント

(5) ここで報告されたものは、Edited by Culley, S., Duffy, A., McMahon, C. and Wallace, K., *Design Management — Process and Information Issues*, Professional Engineering Publishing, 2001. にまとめられている。

(6) この実行（practice）について解明するものとして、Gray, C.and Hughes, W., *Building Design Management*, Butterworth-Heinemann, 2001. がある。また、その実行を実際の企業がどのように行なっているかについての事例研究として、Jerrard, R., Hands, D. and Ingram, J., *Design Management Case Study*, Routledge, 2002. がある。

(7) 紺野登・野中郁次郎著『知力経営』日本経済新聞社、1995年、241ページ。

(8) 同上書252ページ。

(9) 同上書252ページ。

(10) 野中郁次郎著『戦略的組織の方法論』アスペクト、1986年、167～169ページ。

(11) 野中郁次郎著『企業進化論』日本経済新聞社、1985年、166～174ページ。

(12) 伊丹敬之著『新・経営戦略の論理』日本経済新聞社、1984年、48ページ。

(13) 同上書59ページ。

(14) 同上書66ページ。

(15) 同上書72ページ。

(16) 藤本隆宏稿「経営組織と新製品開発」、伊丹敬之・加護野忠男・伊藤元重編『リーディングス 日本の企業システム2 組織と戦略』有斐閣、1993年、第7章所収、225ページ。

(17) 今井賢一・塩原勉著者代表『ネットワーク時代の組織戦略』第一法規出版、1988年、99ページ。

(18) Cooper, R. and Press, M., *The Design Agenda : A Guide to Successful Design Management*, John Wiley and Sons, 1995, pp. 7 - 47.

(19) *Ibid.*, p.22.

(20) この表現は、Owens, D. A., "Structure and Status in Design Teams : Implications for Design Management", *Design Management Journal Academic Review 2000*, p.62.を参考にしている。

(21) Walton, T., "The Nuances of Designing for Global Markets", *Design Management Journal*, Fall 2001, Vol.12, No. 4, pp.6 - 9.

(22) Grinyer, C., "Design Differentiation for Global Companies : Value Exporters and Value Collectors", *Design Management Journal*, Fall 2001, Vol.12, No. 4, pp.10 - 11.

(23) Keeley, L., "A Look at the Modern Dynamics of Brands", *Design Management Journal*, Winter 2001, Vol.12, No. 1, p.15.

(24) Roellig, L., "Designing Global Brands : Critical Lessons", *Design Management*

㉔ *Journal,* Fall 2001, Vol.12, No. 4, p.45.

㉕ この表現は, Gierke, M., "Product Design : Design as Strategic Exclamation", *Design Management Journal,* Winter 2002, Vol.13, No. 1, p.12. を参考にしている。

㉖ 池亀拓夫稿「デザイン・マネジメント」,『ＤＩＡＭＯＮＤ ハーバード・ビジネス』Aug.-Sep. 1989, 54～65ページ。

㉗ Dumas, A. and Mintzberg, H., "Managing Design, Designing Management", *Design Management Journal,* Fall 1989, Vol. 1, No. 1, pp.37-43.

㉘ Jevnaker, B. H., "Championing Design : Perspectives on Design Capabilities", *Design Management Journal Academic Review 2000,* pp.25-37.

㉙ *Ibid.,* pp.27-32.

㉚ *Ibid.,* p.33.

㉛ *Ibid.,* p.37.

㉜ Turner, R., "Design as Interface", *Design Management Journal,* Winter 2002, Vol.13, No. 1, pp.15-17.

㉝ 佐藤典司著『デザインマネジメント戦略』ＮＴＴ出版, 1999年, 118～119ページ。

索　　引

（人名については省略した。各章（注）の文章を参照されたい。）

＜記号・欧文＞

○△□‥‥‥‥‥‥‥‥‥‥‥97, 104
１ＢＯＸカー‥‥‥‥‥‥‥‥‥‥145
２ＢＯＸ‥‥‥‥‥‥‥‥‥‥‥‥82
ＢＬ社‥‥‥‥‥‥‥‥‥‥‥‥‥119
design championing‥‥‥‥‥‥213
ＦＦ（前輪駆動方式）‥‥‥‥‥‥‥82
learning by doing‥‥‥‥‥‥‥177
ＬＰＬ‥‥‥‥‥‥‥‥‥‥‥‥‥100
ＭＭＣ‥‥‥‥‥‥‥‥‥‥‥‥‥172
ＭＭ思想‥‥‥‥‥‥‥‥‥‥‥‥170
ＲＪＣニュー・カー・オブ・ザ・イヤー
　‥‥‥‥‥‥‥‥‥‥‥‥‥‥‥143
ＲＶ‥‥‥‥‥‥‥‥‥‥‥‥‥‥141
ＳＥＤシステム‥‥‥‥‥‥‥‥‥91
ＳＷＯＴ分析‥‥‥‥‥‥‥‥‥‥142
ＴＱＣ‥‥‥‥‥‥‥‥‥‥‥‥‥147
ＴＱＭ‥‥‥‥‥‥‥‥‥147, 171, 191

＜あ行＞

アイデア‥‥‥‥‥‥‥‥62, 63, 113
アイデンティティ
　‥‥‥‥‥‥8 , 156, 163, 165, 178, 203
新しいデザイン‥‥‥‥‥‥‥‥‥93
ありありづくし‥‥‥‥‥‥‥‥‥172
アンダーフロア・ミッドシップエンジン
　‥‥‥‥‥‥‥‥‥‥‥‥‥‥‥69
異質併行‥‥‥‥‥‥‥‥‥‥‥‥110
異質併行開発‥‥‥‥‥‥‥‥‥‥167
異質併行デザイン方式‥‥‥‥‥‥71
異質併行方式‥‥‥‥‥‥‥‥‥‥150
意味充実社会‥‥‥‥‥‥‥‥‥‥31
イメージ‥‥‥‥‥‥‥‥‥‥‥‥182
色気‥‥‥‥‥‥‥‥‥‥‥‥20, 95
インターフェイス‥‥‥‥‥‥‥‥214
インディケーション‥‥‥‥‥‥‥92
インハウス・デザイナー‥‥‥‥‥96
インパネ‥‥‥‥‥‥‥‥‥113, 170
インフュージョン‥‥‥‥‥211, 212
ウェッジ・シェイプ‥‥‥‥‥‥‥119
エアークリーナー‥‥‥‥‥‥‥‥54
エグゼクティブ・カー‥‥‥‥‥‥119
エレガント‥‥‥‥‥‥‥‥‥‥‥160
演繹法‥‥‥‥‥‥‥‥‥‥‥‥‥25
エンジニアリング・デザイン‥‥‥201
お客様共感度‥‥‥‥‥‥‥‥‥‥128
お客さん
　‥‥‥31, 147, 151, 171, 172, 177, 184, 196
「おにぎり」デザイン‥‥‥‥‥‥172
想い‥‥‥‥‥‥‥‥‥‥‥‥26, 55
想う‥‥‥‥‥‥‥‥‥‥‥‥‥‥174
おんもら‥‥‥‥‥‥‥‥‥‥‥‥89
オンリーワン‥‥‥‥‥‥‥‥‥‥209

＜か行＞

開発基本要件‥‥‥‥‥‥‥‥‥‥87
開発コンセプト‥‥‥‥‥‥‥60, 61
科学‥‥‥‥‥‥‥‥‥‥‥‥‥‥25
科学技術‥‥‥‥‥‥‥‥‥‥46, 47

かたちはこころ‥‥‥‥‥‥‥‥16, 178
形は心なり‥‥‥‥‥‥‥16, 18, 20, 98
活学‥‥‥‥‥‥‥‥‥‥‥‥‥‥86
キー・ファクター‥‥‥‥‥‥80, 105
企業の顔‥‥‥‥‥‥‥‥7, 34, 108
記号性‥‥‥‥‥‥‥‥‥‥‥‥134
帰納法‥‥‥‥‥‥‥‥‥‥‥‥24
機能優先社会‥‥‥‥‥‥‥‥‥31
キュービック・デザイン‥‥‥‥‥126
共生‥‥‥‥‥‥‥‥‥‥‥‥‥20
共創‥‥‥‥‥‥‥‥‥‥‥152, 214
共用‥‥‥‥‥‥‥‥‥‥‥‥‥139
クリエイティブ・ムーバー‥143, 165, 190
クリティカル・ファクター‥‥‥‥‥104
クレーモデル‥‥‥‥54, 88, 89, 113, 124
グローカリゼーション‥‥‥‥153, 154
グローバライジング‥‥‥‥‥45, 46
グローバル‥‥‥‥‥‥‥‥44, 156
ケイパビリティ‥‥‥183, 187, 188, 191
気配‥‥‥‥‥‥‥‥‥‥93, 94, 178
現場・現物・現実‥‥‥‥‥‥26, 27
コア・コンピタンス
　‥‥‥‥‥‥‥181, 182, 187, 188, 191
工業化社会‥‥‥‥‥‥‥‥‥‥47
顧客ロイヤルティ‥‥‥‥‥‥‥105
コストダウン‥‥‥‥‥‥‥139, 140
個性‥‥‥‥‥‥‥‥‥‥‥‥‥193
個性明快‥‥‥‥‥‥‥‥‥‥‥111
こと‥‥‥16, 124, 133, 135〜137, 141, 153
　　　196, 210, 215
コミュニケーション‥‥‥‥‥‥‥36
個有性‥‥‥‥‥‥‥‥‥‥‥‥156
コンセプト‥‥‥‥‥‥‥‥170, 181
コンセプトつくり（メーク）‥‥‥21, 83

＜さ行＞

サイドパネル方式‥‥‥‥‥‥‥67
サスペンション‥‥‥‥‥58, 118, 170
サバイバル戦略‥‥‥‥‥‥‥‥143
三次元座標値‥‥‥‥‥‥‥‥‥56
ジーダボ方式‥‥‥‥‥‥‥‥‥67
事業機会‥‥‥‥‥‥‥‥‥‥‥183
躾‥‥‥‥‥‥‥‥‥‥‥‥‥‥19
集団指導体制‥‥‥‥‥‥‥‥‥90
収斂‥‥‥‥‥‥‥‥‥‥‥74, 84
商業的価値‥‥‥‥‥‥‥‥‥‥207
商品‥‥‥‥‥‥‥‥‥‥‥95, 216
情報化社会‥‥‥‥‥‥‥‥‥‥47
情報的経営資源‥‥‥‥‥‥204, 205
人工科学‥‥‥‥‥‥‥‥‥‥‥201
真のお客さん‥‥‥‥‥‥‥‥‥170
ステップバン‥‥‥‥‥‥‥‥‥72
ストラット・サスペンション‥‥‥‥118
スペシャリティ・カー‥‥‥‥106, 117
世阿弥‥‥‥‥‥‥‥‥‥‥‥‥28
製品‥‥‥‥‥‥‥‥‥‥‥95, 189
前進戦略‥‥‥‥‥‥‥‥‥‥‥143
線図‥‥‥‥‥‥‥‥‥‥‥‥‥56
戦略‥‥‥‥‥‥‥‥‥‥‥188, 191
戦略ツール‥‥‥‥‥‥‥‥‥‥208
洗練‥‥‥‥‥‥‥‥‥‥20, 97, 98
組織風土‥‥‥‥‥‥‥‥‥‥‥205
ソフトウェア‥‥‥‥‥‥‥‥‥210

＜た行＞

大企業病‥‥‥‥‥‥‥‥‥‥‥137
台形スタイル‥‥‥‥‥‥‥85, 167
ダブル・ウィッシュボーン・
　サスペンション‥‥‥‥‥‥‥118

違い‥‥‥‥‥‥‥‥‥103, 110
知・情・意‥‥‥‥‥‥‥‥123
チャレンジ‥‥‥‥‥‥‥‥175
テールゲートタイプ‥‥‥‥‥88
デザイナー‥28, 51, 52, 55, 68, 73, 194, 208
デザイン‥‥‥‥7, 13, 14, 34, 190, 208
デザイン・イン‥‥‥‥‥‥139
デザイン・コネクション‥‥‥202, 203
デザイン・コンシャスネス‥‥147, 150
デザイン・コンセプト‥‥‥‥107
デザイン・コントリビューション
‥‥‥‥‥‥‥‥‥207, 208
デザイン即仏行‥‥‥‥‥16, 18, 98
デザイン・タッチ‥‥‥‥‥‥96
デザイン・パワー‥‥‥‥135, 191, 216
デザイン・プログラム‥‥‥‥211
デザイン・プロセス‥‥‥‥‥210
デザイン・ポリシー‥‥‥‥‥211
デザイン・マインド
‥‥73, 154, 163, 167, 168, 178, 214, 216
デザイン・マネジメント
‥‥‥49, 73, 154, 163, 178, 193, 195,
　　　201, 202, 208, 212, 215, 216
トップ・マネジメント‥‥‥‥215
トライ・アンド・エラー‥‥‥‥63
トランスフォーメーション‥‥‥127
トランスミッション‥‥‥‥‥112
トレッド‥‥‥‥‥‥‥‥‥‥85

＜な行＞

ナレッジ・マネジメント
‥‥‥‥‥‥143, 181, 202, 205
ニーズ‥‥‥‥‥‥‥‥‥‥209
日本カー・オブ・ザ・イヤー‥‥86, 143
日本カー・オブ・ザ・イヤー大賞‥‥136

熱望（アスピレーション）‥‥‥54, 206

＜は行＞

場‥‥‥‥‥‥23, 35, 37, 46, 134, 191
パッケージ‥‥‥‥‥‥‥‥117
パッケージ・レイアウト‥‥‥114, 117
ハッチバック‥‥‥‥‥‥‥88, 101
バブル経済‥‥‥‥‥‥‥‥146
バリエーション‥‥‥‥‥‥115
バリュー・クリエーター‥‥‥111, 112
バリュー・フォー・ザ・マネー‥‥193
パワー・ブランド‥‥‥‥‥‥127
美‥‥‥‥‥‥‥‥‥‥‥‥22
ピエモンテ・カー・デザイン・アウォード
‥‥‥‥‥‥‥‥‥‥111, 112
ビジネス・ツール‥‥‥‥‥‥215
ビジビリティ・インデックス‥‥‥94
ビジョナリー・カンパニー‥‥150, 160
ひとくち言葉‥‥‥‥‥‥‥‥85
ヒューマニゼーション‥‥‥192, 208
ヒューマン・リソース‥‥‥‥186
閃き‥‥‥‥‥‥‥‥‥‥83, 176
ファースト・インプレッション
‥‥‥‥‥‥‥‥184, 190, 192
ファミリーカー‥‥‥‥‥‥117
フィロソフィ‥‥‥‥‥‥‥‥53
不易流行‥‥‥‥‥‥‥‥‥17
付加価値‥‥‥‥‥10, 111, 112, 182
不可能命題‥‥‥‥‥‥‥‥169
仏行‥‥‥‥‥‥‥‥‥‥‥15
普遍性・先進性・奉仕性‥16～18, 98, 170
フラッシュ・サーフェイス‥‥115, 117
プラットフォーム‥‥‥‥‥‥71
ブランディング‥‥‥‥‥‥209
ブランド‥‥‥‥‥104, 116, 126, 209

ブランド価値・・・・・・・・・・・・・・・・・・・・215
フルドア・・・・・・・・・・・・・・・・・・・・115, 117
ブレークスルー思考・・・・・・・・・・・・・・・80
フレーム・・・・・・・・・・・・・・・・・・・・・・・・54
プレステージ・・・・・・・・・・・・・・・・・・・・115
プレゼンス・・・・・・・・・・・・・・・・・・・・・156
プロジェクト・・・・・・・・・・・・・・・・81, 194
プロダクト・アウト
　・・・・・・・・・・・・・・37〜40, 42, 43, 165, 174
プロダクトデザイン・・・・・・・・・・・・・・・17
文化・・・・・・・・・・・・・・・・・・・・・・・・・・・・24
文質彬彬・・・・・・・・・・・・・・・・・・・・・・・160
文明・・・・・・・・・・・・・・・・・・・・・・・・・・・・24
ベーシック・カー・・・・・・・・・・・・14, 168
方向付け（コンセプト）・・・・・・・・32, 44
ボディデザイン・・・・・・・・・・・・・・・・・・59
ホンダらしさ・・・・・・・・88, 106, 108, 173
ボンネットバルジ・・・・・・・・・・・・・58, 59
ボンバン・・・・・・・・・・・・・・・・・・・・・・・112

＜ま行＞

マーケット・イン・・・・37〜40, 42, 43, 174
マーケティング・・・・・・・・・164, 189, 192
マーケティング・トリガー・・・・・・・・210
マイカーブームの時代・・・・・・・・・・・・61
マイナーモデルチェンジ・・・・・・・・・・121
マスプロダクション・・・・・・・・・・・・・・40
マン・マキシマム・・・・・・・・・・・・・・・・82
マン島ＴＴレース・・・・・・・・・・・・・・・・52
見えざる資産・・・・・・・・・・・・・・204, 205
未知の分野・・・・・・・・・・・・・・・・・・・・175
ミッドシップエンジンレイアウト・・・・169
ミニバン・・・・・・・・・・・・・・・・・・・・・・144

魅力創造工学・・・・・・・・・・・・・・・・・・210
メッセージ・・・・・・・・・・・・・・・・・・・・・・8
モックアップモデル・・・・・・・・・・・・・113
モデルチェンジ・・・・・・・・105, 115, 137
モヒカン方式・・・・・・・・・・・・・・・・・・・67
モビリティ・・・・・・・・・・・・・・・・・・・・175

＜や行＞

役割分担・・・・・・・・・・・・・・・・・・・・・110
ユーザー・・・・・・・・・・・・・・・・・・28, 193
ユーティリティ・ミニマム
　・・・・・・・・・・・・・・・・・・・・76, 81, 84, 167

＜ら行＞

ライトクロカン・・・・・・・・・・・・・・・・144
ライフスタイル・・・・・・・・・・・・・・・・207
ラインアップ・・・・・・・・・・・・・・・・・・141
ラグビー・アプローチ・・・・・・・・・・・208
リーディングカンパニー・・・・・・・・・175
リトラクタブル・ヘッドライト・・・・・115
リトラクタブルライト・・・・・・・・・・・107
リフレクター・・・・・・・・・・・・・・・・・・・58
レイアウト・・・・・・・・・・・・・・・・82, 170
ロイヤルティ・・・・・・・・・・・・・185, 186
ローカライジング・・・・・・・・・・・・45, 46
ローカル・・・・・・・・・・・・・・・・・・44, 156
ロングルーフ（スタイル）・・・・・109, 118

＜わ行＞

ワイガヤ・・・・・・・・・・・・・・74, 77, 83, 150
技・・・・・・・・・・・・・・・・・・・・・・10, 11, 19
ワンボックスカー・・・・・・・・・・・・・・141

≪著者紹介≫

岩倉　信弥（いわくら・しんや）

1939　和歌山市生まれ
1964　多摩美術大学立体デザイン科卒業，本田技術工業株式会社入社
1990　株式会社本田技術研究所・専務取締役
1995　本田技研工業株式会社・常務取締役（4輪事業本部商品担当）
1999　同・社友

現在　立命館大学経営学部・客員教授（製品開発論）
　　　多摩美術大学教授・生産デザイン学科プロダクトデザイン専攻・学科長
　　　(財)日本産業デザイン振興会（ＪＩＤＰＯ）・理事

＜主要業績＞

・主な受賞

1973　ＣＩＶＩＣ　'74カー・オブ・ザ・イヤー・大賞　（外装デザイン担当）
1979　ＣＩＶＩＣ　Ｓ.54年度全国発明表彰・通産大臣賞
1983　ＣＩＶＩＣ　'84日本カー・オブ・ザ・イヤー大賞（企画・デザイン担当）
1984　ＣＩＶＩＣ　イタリアピアモンテ・デザイン・アワード・大賞
1984　ＣＩＶＩＣ　通産省・グッドデザイン大賞
1985　ＡＣＣＯＲＤ　'86日本カー・オブ・ザ・イヤー・大賞　（商品開発担当）
1994　ＯＤＹＳＳＥＹ　'96ＲＪＣニュー・カー・オブ・ザ・イヤー大賞（商品担当役員）

・主な公的活動

1993　通産省・諮問委員会委員（21世紀の日本をデザインする）
1996　日本産業デザイン振興会・諮問委員会委員（民営化に向けて）

・主な講演・寄稿・著書

1988　「デザインと企業」・特許庁創立100周年記念講演
1988　「21世紀の自動車産業の課題とデザインへの期待」・名古屋世界デザイン博
1989　「New Creation with Heart」・ベルリンモーターショー
1991　「Automobile Design」・国際自動車技術会（ＦＩＳＩＴＡ）
1992　「Product Design and R&D Trend at ＨＯＮＤＡ」・ジュネーブ・モーターショウ
1993　「道」・日本道路公団／名神高速道路開通30周年記念講演
1994　「商品（クルマ）つくり」・早稲田大学商学部
1994　「Japanese Design and ＨＯＮＤＡ」・フィラデルフィア美術館／寄稿
1996　「Products of Different Cultures」・米国工業デザイン協会（ＩＤＳＡ）
1996　「自動車産業のグローバル戦略」・中央経済社刊／共著

著者との契約により検印省略

平成15年3月21日　初版第1刷発行
平成15年9月1日　初版第2刷発行

<small>ホンダにみる</small>
デザイン・マネジメントの進化

著　　者	岩　倉　信　弥
発　行　者	大　坪　嘉　春
製　版　所	株式会社ムサシプロセス
印　刷　所	税経印刷株式会社
製　本　所	株式会社三森製本所

発行所	東京都新宿区 下落合2丁目5番13号	株式 会社　税務経理協会

郵便番号　161-0033　振替 00190-2-187408　電話 (03) 3953-3301 (編集部)
　　　　　　　　　　FAX (03) 3565-3391　　　(03) 3953-3325 (営業部)
URL http://www.zeikei.co.jp/
乱丁・落丁の場合はお取替えいたします。

Ⓒ　岩倉信弥　2003　　　　　　　　　　　Printed in Japan

本書の内容の一部又は全部を無断で複写複製(コピー)することは、法律で認められた場合を除き、著者及び出版社の権利侵害となりますので、コピーの必要がある場合は、予め当社あて許諾を求めて下さい。

ISBN4-419-04177-3　C0034